"十三五"国家科技重大专项(2016ZX05034-002-001) 联合资助
国家自然科学基金项目(41802156)

上扬子地区
下古生界页岩气地质评价

The Lower Paleozoic Shale Gas Geological
Evaluation of Upper Yangtze Area

张金川 韩双彪 唐玄 杨超 陈前 著

U0225763

科学出版社
北京

内 容 简 介

上扬子是我国最早开始页岩气研究并首次取得商业开发突破的地区，下古生界海相页岩气形成条件优越，但有机质热演化程度高且后期改造强，为勘探开发带来了挑战。全书对下寒武统牛蹄塘组和下志留统龙马溪组页岩气发育地质背景、成藏主控因素及富集规律进行了评价分析，并开展了有利选区及资源评价。

本书可为从事页岩气勘探开发的专家、学者提供科研参考，也可作为高等院校油气相关专业师生的教学参考书。

图书在版编目（CIP）数据

上扬子地区下古生界页岩气地质评价 = The Lower Paleozoic Shale Gas Geological Evaluation of Upper Yangtze Area / 张金川等著. —北京：科学出版社，2019.5

ISBN 978-7-03-061119-2

Ⅰ. ①上… Ⅱ. ①张… Ⅲ. ①扬子板块－早古生代－油页岩－油气资源评价 Ⅳ. ①P618.130.2

中国版本图书馆CIP数据核字（2019）第079810号

责任编辑：李　雪　李久进 / 责任校对：杜子昂
责任印制：吴兆东 / 封面设计：无极书装

科 学 出 版 社 出版
北京东黄城根北街 16 号
邮政编码：100717
http://www.sciencep.com

北京厚诚则铭印刷科技有限公司 印刷
科学出版社发行　各地新华书店经销
*
2019 年 5 月第 一 版　　开本：720 × 1000 1/16
2019 年 5 月第一次印刷　　印张：13 1/4
字数：265 000

定价：128.00 元
（如有印装质量问题，我社负责调换）

前　　言

　　天然气在我国一次能源消费结构中的比例远远低于北美及欧洲国家的平均值，巨大的反差促使我们必须加快天然气勘探开发进程。在天然气能源领域中，页岩气具有明显优势，目前是非常规天然气中影响作用大、发展速度快的新能源类型。我国天然气需求旺盛，仅靠常规天然气的生产远远不能满足需求，而发展页岩气等非常规天然气产业是缓解供需矛盾的有效途径，也将成为我国天然气消费的重要补充，将对我国的能源产出和消费比例结构的改变产生重大影响。

　　我国拥有大面积、广泛分布的页岩层系，造就了页岩气可能发育的广泛空间和开发生产的巨大潜力。我国各时代地层中的页岩分布表现出受沉积环境和板块控制的显著特征。北方地区富有机质页岩以陆相为主兼有偏陆性海陆交互相发育，发育时代相对较晚。与此对应，南方地区页岩以海相为主兼有偏海性海陆交互相发育，发育时代相对较早。按时代划分，早古生代主要为海相页岩，晚古生代以海陆交互相页岩沉积为特色，中生代、新生代则以陆相页岩发育为基本特征。

　　美国页岩气研究程度较高，地质规律和认识相对清楚，是我国页岩气研究的重要参考。与美国的地质变化规律相比，我国页岩气地质特点变化的规律性更加隐蔽，也更加复杂。美国的页岩气主力层系集中于上古生界的泥盆系－石炭系和中生界，而我国目前开展研究的页岩层系较多，影响较大的层系主要包括下寒武统、下志留统、上二叠统、上三叠统以及始新统等层系。我国页岩及页岩气地质条件特殊，既有"层厚、面广、规模大"之喜，也有"下老、上小、中间薄"之虞（即下寒武统海相页岩成熟度过高、古近系陆相页岩成岩作用弱、二叠系海陆交互相页岩单层厚度偏小），页岩气地质条件的优劣既受控于构造和沉积条件，又取决于不同地质作用之间的过程匹配。寒武系页岩厚度大、分布广、有机碳含量高，优点突出，但有机质热演化程度高、后期改造作用强烈，不足也较明显。下志留统粉砂质含量明显增加，既没有下寒武统的突出优点，也没有下寒武统的明显不足，但从渝页1井页岩气的发现到焦石坝气田的高产，无不说明该层系的优越性。下志留统优质页岩主要分布在黔北、川东、渝东南、鄂西及湘西北一带，总有效面积有限。石炭系－二叠系在华南和华北的大部分区域内均有发育，页岩连续分布面积和累计总厚度大，有机质热演化程度较为适中，后期改造破坏弱，唯页岩单层厚度有限，若与其中含气的致密砂岩同时考虑，则该套层系应为更好的选择。中生界、新生界页岩发育受控于陆相湖盆，分布面积有限但总厚度大，有机质类型、成熟度和页岩油气分布服从构造和沉积共同控制原理。

我国南方下古生界海相页岩气发育的地质条件优越,但有机质热演化程度高且后期改造强,其中下寒武统页岩保存条件差、总体含气量低,为勘探研究带来了巨大困难,在进行页岩气勘探时,宜主动避让断裂及破碎带(逆掩区除外)并在风化/氧化带之下的构造稳定区开展重点工作。海陆过渡相页岩常与砂岩、煤系及灰岩频繁互层,有机质热演化程度较为适中,在我国南方、北方及西部地区均有规模性发育,分布范围广、累积厚度大,是我国页岩气进一步勘探开发的重要目标层系,但页岩单层厚度偏小,易于粉化,特别是二叠系等页岩常与煤系和致密砂岩交互,宜将页岩、煤和致密砂岩同时研究,并对页岩气和致密砂岩气等进行同步勘探。我国北方地区典型的陆相页岩厚度大,有机质类型多但热演化程度普遍偏低,页岩油和页岩气均可作为勘探目标,勘探过程中宜将两者同等考虑,侧重寻找裂缝型页岩油气,特别关注并发现以溶解方式存在的页岩气或页岩油。

中国页岩气勘探开发仅刚刚开始,目前尚处于探索阶段,进行大规模勘探开发利用仍然存在一系列困难和挑战,其中很多的科学问题还有待解决。复杂的地质条件决定了我国页岩气勘探开发不能简单照搬国外经验,必须从国内页岩气地质特征出发,进一步开展页岩气资源潜力调查评价。针对遇到的技术瓶颈,在引进、吸收国外先进技术的基础上,通过国家科技重大专项等支持,开展联合攻关,形成适合于我国地质条件的页岩气勘探开发核心技术,探索页岩气勘探开发新模式。

本书第 1 章由韩双彪、张金川撰写,第 2 章由杨超、韩双彪撰写,第 3 章由刘飏、刘子骅编写,第 4 章由陈前、杨超编写,第 5 章由党伟、韩双彪编写,第 6 章由唐玄、尉鹏飞编写,第 7 章由张金川、韩双彪、林腊梅、姜生玲编写。全书由张金川、韩双彪统稿。郭睿波、黄璜、陈莉、陶佳、董哲、王胜、陈维龙、杨雪、张照耀、黄颖、李兴起、于晓菲、韩美玲、许龙飞、苏泽昕、马广鑫、茹意承担了图件清绘任务。

本书撰写时间有限,但质量追求无限。难免存在不尽如人意之处,还望读者不吝批评斧正。

作　者

2019 年 1 月

目　　录

1 页岩气发育地质背景

上扬子是我国最早开始页岩气研究并首次取得商业开发突破的地区(张金川等,2006)。地理位置上,主要包括四川东部、重庆及贵州北部地区,也包含湖南西北部、湖北西南部及云南东北角等部分地区,总面积约 45 万 km^2。构造位置上,研究区涵盖了上扬子地区的大部、滇黔桂北部、中扬子西北及秦岭南缘部分地区(图 1.1)。

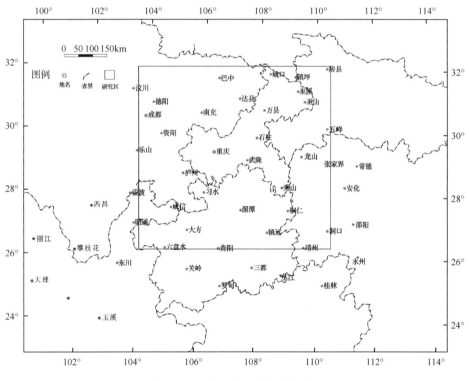

图 1.1 上扬子地区位置示意图

1.1 地 层 发 育

1.1.1 区域地层

地层上看,上扬子地区除上古生界泥盆系—石炭系遭遇剥蚀外,其他各套地层发育齐全,分布广泛(图 1.2)。下面对该区地层发育情况做简要介绍。

界	系	统	群/组	最大厚度/m	岩性剖面	岩性描述
中生	侏罗	下	自流井	900		紫红色泥岩、钙质泥岩、页岩及石英砂岩，下部夹煤层
中生	侏罗	下	珍珠冲	1500		紫红色、灰绿色页岩夹砂岩
中生	三叠	上	须家河	3000		粉砂岩、页岩、砂页岩互层夹煤层
中生	三叠	中	巴东			灰色薄—厚层状灰岩、白云岩夹岩溶角砾岩及砂质页岩
中生	三叠	下	嘉陵江	1700		灰岩、白云岩、泥页岩夹砂岩、岩溶角砾岩等，底部含凝灰质砂岩，向上含石膏和盐岩
中生	三叠	下	飞仙关			紫灰色、紫红色页岩为主夹少量泥质、介屑灰岩
古生	二叠	上	长兴	500		主要为灰岩，上部夹燧石条带及团块、页岩及煤层
古生	二叠	上	龙潭			灰黑色页岩、碳质页岩、砂质页岩，夹煤及细砂岩，夹硅质石灰岩
古生	二叠	中	茅山	500		上部浅灰色厚层灰岩，中部深灰色燧石灰岩，下部灰岩及白云质灰岩
古生	二叠	中	栖霞			深灰色灰岩、透镜状泥质灰岩互层夹白云质灰岩、燧石结核灰岩
古生	二叠	中	梁山			主要为灰岩
古生	志留	下	韩家店	1500		灰绿色页岩、粉砂质页岩，夹粉砂岩、生物灰岩透镜体，局部含富有机质页岩
古生	志留	下	石牛栏			下部为灰色石灰岩、瘤状灰岩夹灰质页岩，上部为生物碎屑灰岩、黄绿色页岩互层夹瘤状灰岩
古生	志留	下	龙马溪			下部为黑色富含笔石页岩、粉砂质页岩及钙质页岩，上部为深灰色页岩
古生	奥陶	上	五峰			黑灰色页岩
古生	奥陶	上	临湘			灰色含生物碎屑灰岩、泥质灰岩，偶夹页岩
古生	奥陶	中	宝塔	600		灰色含生物碎屑灰岩、泥质灰岩，偶夹页岩
古生	奥陶	中	十字铺			杂色砂岩、粉砂岩、页岩、白云岩、生物碎屑及鲕状灰岩
古生	奥陶	下	大湾			页岩夹粉砂岩
古生	奥陶	下	红花园			灰色生物碎屑灰岩
古生	奥陶	下	桐梓			上部为深灰色厚层白云岩，中部为灰黄色页岩，下部为灰色白云岩夹泥质白云岩
古生	寒武	上	娄山关			以白云岩为主，底部为细粒石英砂岩，夹云质页岩
古生	寒武	中	石冷水	2500		发育白云岩、灰岩，夹石膏
古生	寒武	中	陡坡寺			含泥石英粉砂岩
古生	寒武	下	清虚洞			灰岩、白云岩，夹泥质云岩
古生	寒武	下	金顶山			页岩、泥质粉砂岩与粉砂岩，夹灰岩
古生	寒武	下	明心寺			以页岩、砂岩为主，下部含较多灰岩
古生	寒武	下	牛蹄塘			以页岩、含粉砂质页岩为主，夹粉砂岩
新元古	震旦	上	灯影	1100		白云岩，夹硅质岩
新元古	震旦	下	陡山沱	400		碳酸盐岩、页岩、粉砂岩、砂岩及局部砾岩

图 1.2　上扬子地区综合地层柱状图

1. 震旦系

下震旦统陡山沱组以页岩为主，底部为白云岩，顶部为含胶磷矿结核砂质页岩。上震旦统灯影组发育白云岩，夹硅质岩。震旦系厚度中心在四川东南宜宾、泸州一带，厚度逾千米，向南东方向迅速变薄，瓮安、秀山、大庸一带减至百米左右(徐国盛等，2007)。

2. 寒武系

下寒武统牛蹄塘组以页岩、含粉砂质页岩为主，夹粉砂岩，与下伏地层假整合接触(文玲等，2001)。下寒武统明心寺组以页岩、砂岩为主，下部有较多的灰岩。下寒武统金顶山组发育页岩、泥质粉砂岩与粉砂岩，夹灰岩。下寒武统清虚洞组下段以灰岩为主，上段为白云岩，夹泥质云岩。中寒武统陡坡寺组含泥石英粉砂岩。中寒武统石冷水组发育白云岩及灰岩，夹石膏。上寒武统娄山关群以白云岩为主，底部为细粒石英砂岩，夹云质页岩。寒武系基本上遍布整个上扬子地区。

3. 奥陶系

下奥陶统桐梓组下部为灰色白云质灰岩、灰质白云岩、泥质白云岩夹页岩、生物碎屑灰岩、砂屑灰岩及鲕状灰岩，上部为灰色、灰黄色页岩，深灰色生物碎屑灰岩、鲕状灰岩。下奥陶统红花园组为灰色、深灰色生物碎屑灰岩，夹少量页岩、白云质灰岩和砂屑灰岩，普含硅质条带(结核)。下奥陶统大湾组下部为黄绿色页岩、粉砂质页岩，夹生物碎屑灰岩透镜体；中部为黄绿色粉砂岩与深灰色含泥质灰岩互层；上部发育灰色、灰绿色页岩、粉砂质页岩夹灰岩。中奥陶统十字铺组发育灰色、深灰色含生物碎屑灰岩、泥质灰岩，偶夹页岩；宝塔组为浅灰色、灰色含生物碎屑马蹄纹灰岩。上奥陶统临湘组为灰色、浅灰色瘤状泥灰岩；五峰组发育黑色含硅质灰质页岩，顶部常见深灰色泥灰岩(李双建等，2009)。与寒武系相比，由于古隆起影响，奥陶系分布范围略有缩小。

4. 志留系

下志留统龙马溪组下部为黑色页岩，富含笔石；上部为深灰色泥岩夹粉砂质泥页岩(刘树根等，2004)。下志留统石牛栏组为深灰色、黑灰色泥页岩、含粉砂质泥岩夹薄层生物碎屑灰岩、泥质粉砂岩、砂质泥灰岩、瘤状泥灰岩及钙质泥岩。下志留统韩家店组发育灰绿色、灰黄色页岩、粉砂质页岩夹粉砂岩、生物灰岩透镜体，局部含富有机质页岩(王社教等，2009)。中上志留统仅局部分布。

5. 二叠系

下二叠统大部分地区缺失。中二叠统梁山组底部发育灰绿色鲕状绿泥石铁矿透镜体及黏土岩,中部为白灰色—深灰色含高岭石水云母黏土岩或铝土岩,上部为灰黑色碳质页岩夹煤线,含黄铁矿。中二叠统栖霞组为深灰色、灰色厚层状灰岩、生物碎屑灰岩,含燧石团块。中二叠统茅口组下部为深灰色厚层状生物碎屑灰岩、有机质页岩,中部为灰色—浅灰色厚层状灰岩、生物碎屑灰岩、含燧石结核灰岩,上部为浅灰色厚层灰岩,顶部含燧石结核或薄层硅质岩。上二叠统龙潭组发育灰黑色、黑色碳质、砂质泥页岩夹煤,夹粉细砂岩,局部地区夹硅质石灰岩。上二叠统长兴组下部为灰色、深灰色厚层灰岩、骨屑灰岩夹少量黑色钙质页岩,中、上部为灰色、灰白色中厚层含燧石结核、条带灰岩与白云质灰岩。

6. 三叠系

下三叠统飞仙关组以紫灰色、紫红色页岩为主夹少量泥质、介屑灰岩。下三叠统嘉陵江组为灰色—浅灰色薄—中厚层状灰岩、生物碎屑灰岩,夹白云质灰岩。中三叠统巴东组为灰色薄—厚层状灰岩、白云岩夹岩溶角砾岩及砂质泥岩,含石膏、岩盐。上三叠统须家河组一段、三段、五段为灰黑色—黑色页岩、碳质页岩夹煤(邹才能等,2009)。

7. 侏罗系

下侏罗统珍珠冲组为紫红色、灰绿色、黄灰色等杂色页岩、砂质页岩,夹少量浅灰色、黄灰色薄至中厚层状细至中粒石英砂岩及石英粉砂岩、粉砂岩、页岩。下侏罗统自流井组为深灰色—灰黑色页岩、碳质页岩夹煤,夹介壳灰岩和生物碎屑灰岩。中上侏罗统缺失。

1.1.2　富有机质页岩层系

区内主要发育下震旦统陡山沱组、下寒武统牛蹄塘组、下寒武统明心寺组、下寒武统金顶山组、上奥陶统五峰组、下志留统龙马溪组、下志留统石牛栏组、上二叠统龙潭组、上三叠统须家河组、下侏罗统自流井组等10余套富有机质页岩层系(刘树根等,2008)。其中,下寒武统牛蹄塘组和下志留统龙马溪组富有机质页岩分布广、厚度大、连续性好、区域稳定性强,是目前上扬子地区页岩气研究的最主要目的层系(张大伟等,2012)。

1. 牛蹄塘组

牛蹄塘组是区内重要的区域性富有机质页岩层系,厚度一般为120~500m,岩性以灰绿色页岩或黑色碳质页岩为主,包括黑色碳质页岩、碳硅质页岩、黑色结核状磷块岩、黑色粉砂质页岩和石煤等(图1.3)。底部为硅质岩夹少量碳质页岩,普遍含磷矿,产软舌螺类化石;下部以碳质页岩为主,厚度30~300m,是主要的页岩气勘探目的层段(韩双彪等，2013a)；上部为深灰绿色页岩，夹粉砂岩条带，产三叶虫、海绵骨针、软舌螺类化石。牛蹄塘组页岩常含钙质、铁质、泥质结核，伴生锰矿，含黄铁矿、重晶石等矿物，局部可见残留的沥青质(图1.4)。

湖北宜昌下寒武统牛蹄塘组黑色页岩地表露头

云南昆阳下寒武统牛蹄塘组黑色页岩地表露头

湘西花垣下寒武统筇竹寺组黑色页岩地表露头

浙江江山下寒武统筇竹寺组黑色页岩地表露头

图1.3　不同地区下寒武统黑色页岩露头照片

图1.4　重庆酉阳页岩结核

重庆城口牛蹄塘组剖面揭示页岩厚度 365m，底为震旦系灰色粉砂质灰岩，顶为寒武系深灰色粉砂质页岩，砂质灰岩结核(图 1.5)。从剖面结构上看，牛蹄塘组下部以黑色碳质粉砂岩为主，夹黑色灰质泥岩，黄铁矿发育，发育水平层理及块状层理，厚度 175m，以碳质粉砂岩与碳质泥岩组成的正粒序为特征，反映了海平面上升，为深水滞留陆棚沉积。牛蹄塘组上部岩性为黑色碳质页岩及粉砂质页岩，厚度 50m，水平层理发育，见结核，黄铁矿发育，反映了一种浅水砂质陆棚沉积环境。贵州瓮安剖面为下寒武统牛蹄塘组，剖面底部为震旦系灯影组白云岩，顶部为下寒武统明心寺组灰岩(陈兰，2005)。目的层露头出露165m，真厚度约 105m(图 1.5)。寒武系牛蹄塘组与震旦系分界线以白云岩向硅质岩的转换为界，这是由于震旦纪末期—寒武纪早期大规模快速海侵导致了牛蹄塘组底部的深水相岩石直接覆盖在灯影组白云岩之上形成一个以快速加深为特征的"淹没不整合面"。105～50m 层段，岩性以黑色泥岩为主，黑色薄层碳质泥岩夹少量薄层粉砂质泥岩，发育块状层理和水平层理，底部为一套硅质岩沉积。剖面中的薄层粉砂质泥岩和泥质粉砂岩，可能是由海平面的波动造成的。10～50m 层段，底部以黑色泥岩为主，往上逐渐过渡为深灰色泥岩，同时粉砂岩和泥质粉砂岩含量逐渐增多，颜色变浅，在地层剖面上可以看到明显的进积序列，反映了水体深度变浅的过程，即海平面的相对下降过程。灯影组发育浅灰—灰色白云岩，可见明显的风化作用导致的"刀砍纹"现象；牛蹄塘组底部发育了灰色—深灰色硅质岩，硬度较大。

2. 五峰组—龙马溪组

五峰组—龙马溪组在上扬子大部分地区均有分布。其中，五峰组为黑色泥页岩、硅质泥页岩，局部夹硅质岩，厚度 5～30m；下志留统龙马溪组主要为灰黑—黑色页岩、硅质页岩、钙质页岩、含粉砂质页岩、碳质页岩及含碳泥质页岩(图 1.6)，其中下部为灰至灰黑色钙质泥页岩、灰质粉砂质泥页岩、粉砂质碳质泥页岩，厚度 10～150m；龙马溪组上部为黄绿色、灰绿色页岩夹粉砂质页岩或粉砂岩，厚度 100～180m。龙马溪组页岩具有自下而上颜色逐渐变浅、砂质钙质增加的变化特征，普遍含砂质、粉砂质，底部多含硅质，星散状黄铁矿较丰富(郭旭升，2014)。该套地层以产浮游生物笔石为特征，可富集成黑色笔石页岩，局部见放射虫、骨针等硅质生物碎屑(刘树根等，2011)。

重庆彭水鹿角剖面龙马溪组出露完整，顶底均可见[图 1.7(a)]，下段以黑色页岩、黑色粉砂质页岩为主，中部以深灰色页岩、深灰色粉砂质页岩和灰色泥质粉砂岩为主，上部以灰色页岩、浅黄色泥质粉砂岩和粉砂岩为主。剖面向上粉砂质含量明显增多，黑色粉砂质页岩中含极薄层的浅灰色粉砂岩，且从宏观上看岩石多为中、厚层状，与底部薄层状页岩形成了鲜明的对比，粗粒物质的增多和岩石

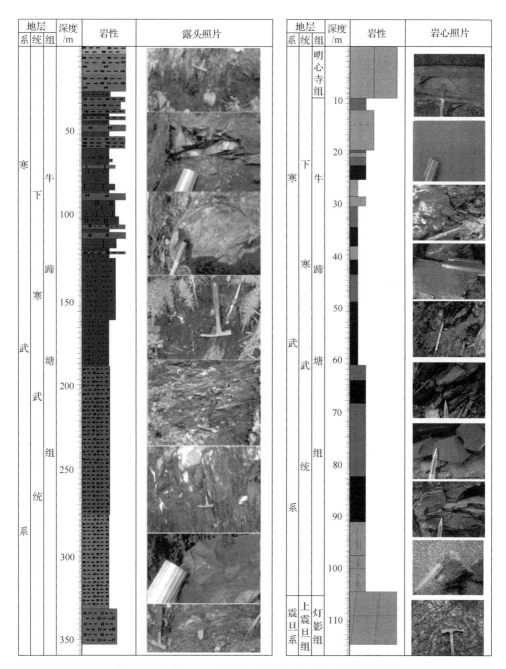

图 1.5　重庆城口—贵州瓮安牛蹄塘组剖面综合柱状图

重庆彭水龙马溪组黑色页岩地表露头

四川长宁龙马溪组黑色页岩地表露头

湖北宜昌龙马溪组黑色页岩地表露头

贵州道真龙马溪组黑色页岩地表露头

湖南张家界龙马溪组黑色页岩地表露头

图 1.6　不同地区龙马溪组黑色页岩露头照片

颜色的变浅,反映了沉积水动力条件的增强和水体还原性的减弱(张琴等,2013)。在剖面的上部,岩石粉砂质的含量进一步增多,且粉砂岩的纹层厚度进一步增大,沉积层理由水平层理向波状层理和平行层理过渡,岩石颜色同下部地层相比进一步变浅,变为灰色和浅灰色。在剖面的顶部即龙马溪组下段和上段的分界处,主要以发育波状层理、交错层理和平行层理的浅黄色粉砂岩为主,反映了沉积环境由深水到浅水的变化。湖南龙山红岩溪剖面龙马溪组地层出露完整,底部为五峰组硅质泥岩和宝塔组、临湘组灰岩,出露长度约200m,真厚度约70m[图1.7(b)]。

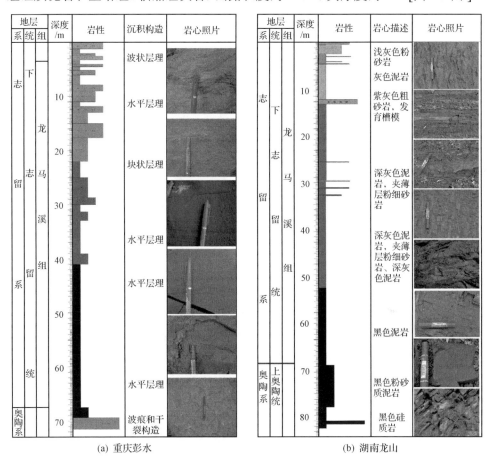

(a) 重庆彭水　　　　　　　　　　(b) 湖南龙山

图1.7　重庆彭水和湖南龙山龙马溪组剖面柱状图

　　根据区域地质资料和露头岩性等资料,确定下志留统龙马溪组底部以奥陶系的黑色硅质泥岩和瘤状灰岩为界,顶部以出现黄绿色的粉砂岩(岩性、岩石的转变面)为界。54~70m层段,岩性以黑色泥岩、黑色碳质泥岩为主,夹少量薄层粉砂质泥岩,发育块状层理和水平层理,页理也非常发育,底部黑色泥岩中含有大量笔石[图1.7(b)]。0~54m层段,底部以灰色泥岩为主,往上逐渐变化为深灰色泥岩,与此同时粉砂岩和泥质粉砂岩含量逐渐增多,同时泥岩及粉砂岩的颜色由深灰色逐渐变为浅,值得一提的是,该剖面中上部暗色泥岩中发育了厚度0.05~2m的粉砂岩,发育槽模构造,这与渝页1井岩心中所见到的变形构造共同证明这套粉砂岩为浊积成因,宏观的泥岩与粉砂岩混杂接触在微观下也有很好的体现。

1.2　沉　积　环　境

1.2.1　牛蹄塘组

　　从晚震旦世开始，上扬子地区逐步进入稳定的热沉降阶段，形成了克拉通浅海盆地，整体上处于统一的古沉积背景之下，并在扬子地台南北两侧发育两个被动大陆边缘和一些海湾体系（梁狄刚等，2009a）。早寒武世牛蹄塘组沉积期，上扬子地区大部分为陆棚沉积，总体西高东低，自西向东分别由古陆、浅水陆棚、深水陆棚、斜坡和深海洋组成（图 1.8），具备形成了黑色富有机质页岩的良好条件。在快速海进和缓慢海退的沉积背景下，早期为深水陆棚沉积，后期水体逐渐变浅，向浅水陆棚及潮坪演化。在早期深水陆棚发育了牛蹄塘组黑色富有机质页岩（赵宗举等，2003；马力等，2004）。早寒武世牛蹄塘期发生海侵作用，灯影期碳酸盐岩台地逐渐被淹没，其底部普遍沉积了一套深水陆棚—斜坡相富含有机质的黑色页岩，由于受康滇古陆的影响，牛蹄塘晚期碎屑成分逐渐增多，后期逐渐向粗粒碎屑岩沉积过渡。

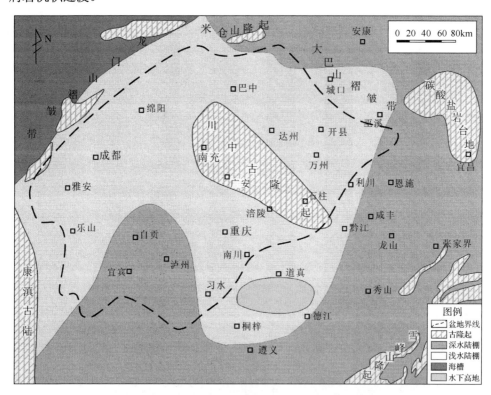

图 1.8　上扬子地区下寒武统牛蹄塘组沉积相图

从层序上，牛蹄塘组纵向上可划分为海侵体系域和高位体系域(图 1.9)。海侵体系域以黑色泥岩为主，薄层碳质泥岩夹少量薄层粉砂质泥岩，发育块状层理和水平层理，底部为一套硅质岩沉积。高位体系域底部以黑色泥岩为主，往上逐渐变化为深灰色泥岩，同时粉砂岩和泥质粉砂岩含量逐渐增多，颜色变浅；在地层剖面上可以看到明显的进积序列，反映了水体深度变浅的过程，即海平面的相对下降过程；沉积环境属粉砂—泥质浅水陆棚相，处于弱还原—弱氧化环境过渡区。高位体系域时期，地层厚度自东南向西北略有增大，但黑色页岩厚度仅在黔东地区发育，说明高位体系域时期沉积中心向北、北西向偏移(图 1.10)。

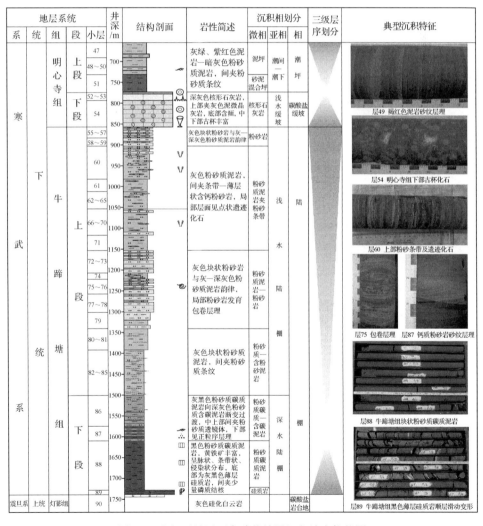

图 1.9 上扬子地区下寒武统地层沉积综合柱状图

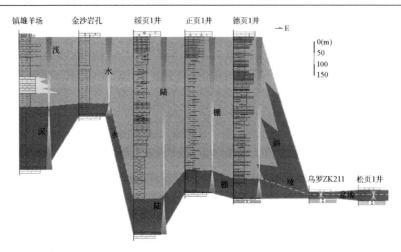

图1.10 上扬子地区下寒武统牛蹄塘组沉积相对比图

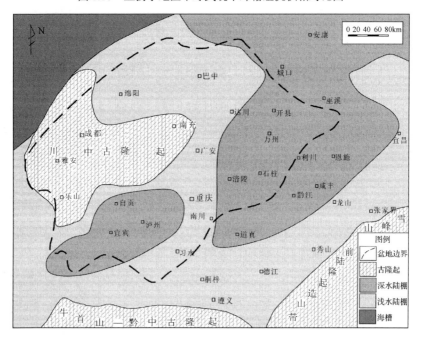

图1.11 上扬子地区下志留统沉积相图

1.2.2 五峰组—龙马溪组

奥陶系地层沉积处于由被动大陆边缘向前陆盆地转化的构造、沉积变革时期，相对海平面升降变化大、震荡频繁，形成了碳酸盐岩与泥质岩频繁交替的沉积特点。其中，上奥陶统五峰组为富含笔石和有机质的黑色页岩，厚度一般不足20m，但分布稳定，与上覆下志留统龙马溪组黑色页岩连续沉积。下志留统龙马溪组富有机质页岩形成于闭塞、半闭塞滞留海盆环境，为一套浅水—深水陆棚相沉积（图 1.11）。早志留世龙马溪组沉积期，受黔中古隆起的影响，海水逐渐由南往北海退（刘若冰等，2006），南部缺失龙马溪组，北部在龙马溪组底部普遍沉积一套富有机质页岩，越往北，富有机质页岩的厚度越大，总体由南往北为潮坪—浅水陆棚—深水陆棚沉积。龙马溪组晚期，由于黔中古隆起带的范围逐渐扩大，提供的陆源碎屑逐渐增多，龙马溪组上部以砂岩、粉砂质泥岩沉积为主。

　　龙马溪组纵向上可划分为海侵体系域和高位体系域。海侵体系域位于龙马溪组底部，岩性为黑色碳质泥岩。地层和页岩厚度表明，龙马溪组沉积期海水逐渐向北海退，呈现为深水陆棚相沉积。高位体系域位于龙马溪组上部，岩性在靠海方向为钙泥质岩，靠近隆起方向为钙—粉砂质岩，碎屑矿物明显增多，见交错层理、波痕等（图 1.12）。龙马溪组层序地层格架对比剖面（图 1.13）显示，水体自南向北加深，北部主体为陆棚沉积区，南部主体为潮坪沉积区，优质页岩主要发育于深水陆棚相区。

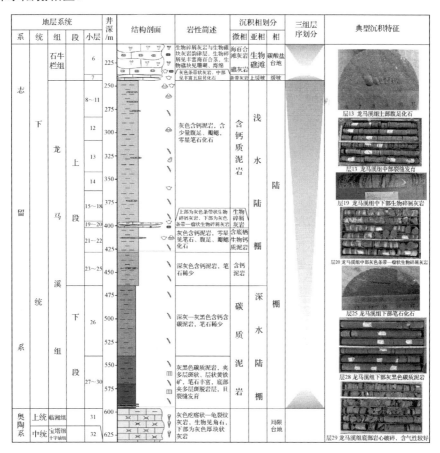

图 1.12　上扬子地区下志留统地层沉积综合柱状图

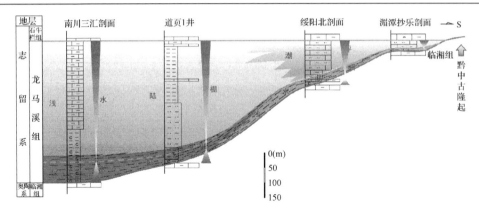

图 1.13　上扬子地区下志留统龙马溪组钻井(剖面)沉积相对比图

1.3　构　造　区　划

　　上扬子地区是一个古生代—中生代海陆相复杂叠合盆地的一部分(图 1.14)，大

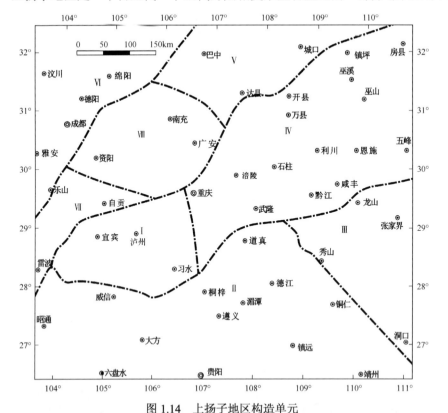

图 1.14　上扬子地区构造单元

Ⅰ.川南低缓构造区；Ⅱ.滇东—黔北高陡构造区；Ⅲ.渝东南—湘西高陡构造区；Ⅳ.川东—鄂西高陡构造区；
Ⅴ.川北低缓构造区；Ⅵ.川西低缓构造区；Ⅶ.川西南低缓构造区；Ⅷ.川中低平构造区

致可以分为震旦纪—中三叠世的克拉通和晚三叠世以来的前陆盆地两大演化阶段，克拉通盆地阶段又可进一步划分为早古生代的克拉通内拗陷和晚古生代以来的克拉通裂陷盆地阶段(汪泽成等，2002；魏国齐等，2005；刘树根等，2008)。从沉积地层上看，震旦纪—中三叠世扬子准地台处于相对稳定的沉降阶段，并以碳酸盐岩和砂泥岩海相沉积为主，中三叠世以后的印支运动结束了该区的海相沉积历史，研究区普遍褶皱隆升，进入了陆相沉积和陆内改造阶段，以河流、湖泊等陆相沉积为主。

　　不同阶段的构造事件，其表现形式具有地区差异性，尤其是印支以来的构造事件，在不同地区所引起的抬升与沉降、剥蚀与沉积的差异性明显，从而也引起下古生界海相层系富有机质页岩具有明显的地区差异性。其中，滇东—黔北、渝东南—湘西和川东—鄂西高陡构造区以区域性的构造高幅抬升及强烈挤压为特点，古生界埋藏浅、变形严重、破坏强烈(图 1.15、图 1.16)，现今构造形态多表现为高陡状褶皱，导致现今中生界只有少部分残留；川南和川西南低缓构造区以区域隆升为特点，下构造层埋深较浅而上构造层厚度较薄，整体上表现为相对低缓平坦的现今构造形貌；川西低缓构造区和川中低平构造区古生界埋深较大且相对较薄，以中生代、新生代前陆盆地发育为特点，晚三叠世以来陆相碎屑发育，区域构造表现平缓；川北低缓构造区以区域构造隆升为特点，下古生界厚度适中，埋深变化较大。

图 1.15　黔北镇远县都坪镇北地层褶皱照片

图 1.16　渝东南彭水县连湖镇西北地层褶皱照片

1.4　页岩分布

1.4.1　牛蹄塘组

上扬子地区牛蹄塘组黑色页岩具有分布范围广、沉积厚度大的特点(除川中古隆起一带缺失外),主要形成了川南宜宾、湘西—渝东—鄂西两个黑色页岩发育中心。另外,在川北—川东北、川东南、黔北—黔中一带黑色页岩也相对发育,厚度一般为 35~200m。在川西南的资阳—自贡、川南的宜宾—威信、滇东北镇雄、渝东北巫溪、渝东鄂西的巫溪—利川—恩施—鹤峰一带厚度最大超过 200m。黔东北的金沙—江口—松桃一线以南一带可达 40~140m,且表现为从北向南西方向增厚的趋势。在川北—川东北的南江—镇巴—城口一带厚度大于 80m,川西成都—广元一带厚度小于 20m(图 1.17)。

除川西外,牛蹄塘组黑色页岩在四川盆地边缘均有出露,其中,在渝东北、川东南和黔北地区出露面积较大。埋深上看,川中地区最高,基本在 4000m 以上;川南—川东南地区埋深在 2000~4500m;滇东—黔北—渝东南—湘西地区埋深适中,大部分在 500~3000m,部分地区埋深也接近 4000m;川东—鄂西东部埋深小,在 1500~3000m,西部埋深大,3500~5000m;川北地区埋深在 2000~5000m。

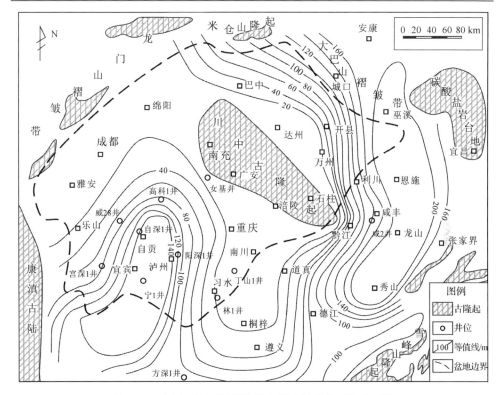

图 1.17 上扬子地区下寒武统牛蹄塘组黑色页岩等厚图

1.4.2 五峰组—龙马溪组

除了川中古隆起、牛首山—黔中古隆起和雪峰山前陆隆起造山带之外，研究区内龙马溪组页岩均有分布，主体呈北东向的带状分布，东部和南部地区发育较全，厚度大，一般在 15～160m。主要形成两个沉积中心，分别位于川南宜宾—长宁—泸州和渝东鄂西石柱—彭水—利川—恩施，大部分地区页岩厚度大于120m（图 1.18）。

上扬子地区除了川西外，黑色页岩在盆地边缘均有出露，同时华蓥山断层也有出露，其中川北、渝东北、渝东南、川南和川东南地区出露面积较大，其余地区大面积深埋地下。总体上，盆地内川北南部和川西北部地区埋深最大，基本在5000m 以上；川东和渝东地区埋深也较大，多在 3500～4000m，川南—川东南和鄂西地区埋深在 2000～3500m；鄂西地区埋深适中，大部分在 1500～2000m；滇东—黔北—渝东南—渝东北—湘西地区埋深则较小，在 500～2000m。

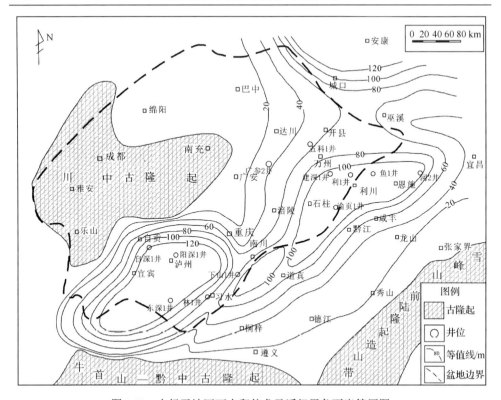

图 1.18　上扬子地区下志留统龙马溪组黑色页岩等厚图

2 页岩有机地球化学

页岩气的生成与富有机质页岩的地球化学特征密切相关。页岩有机地球化学参数是评价页岩生烃能力的关键参数,包括有机碳含量(TOC)、有机质类型及有机质热演化成熟度(R_o)等。海相富有机质页岩主要形成于地质条件较为封闭、沉积速率较快、有机质供给丰富的浅海台地、陆棚及深海或远洋区等环境,特别是在水体循环较差的停滞水环境中,这就导致了海相页岩一般具有高有机碳含量的特点,但由于形成时代久远,经历了长期的深埋藏—压实作用,故而又具有高热演化的特征。

2.1 有机质类型

南方下古生界海相页岩的热演化程度高,处于高—过成熟阶段(郭彤楼和张汉荣,2014)。由于在热演化过程中,干酪根不断降解脱氢、脱氧,导致碳元素相对富集,使得干酪根的成熟度级别"降低"。在这种情况下,用常见的 H-O 指数图版及 T_{max}-H 指数图版对干酪根类型的判断已经失去了有效性。另外,干酪根镜检和有机岩石学分析等光学分析手段在高—过熟页岩的有机质判别方面局限性也很大,对测试人员的经验要求很高。前人研究表明,干酪根碳同位素 $\delta^{13}C$ 能够反映原始生物母质的特征,次生的同位素分馏效应不会严重地掩盖原始生物母质的同位素印记,普遍认为是划分高—过成熟烃源岩有机质类型的有效指标(黄第藩等,1984;郝石生等,1996;Milliken et al.,2013;Lu et al.,2015)。现今的经验表明,常规的干酪根镜检及有机岩石学光片分析,结合干酪根碳同位素测定是有效确定海相页岩有机质类型的主要手段。

2.1.1 牛蹄塘组

上扬子地区下寒武统牛蹄塘组黑色页岩样品的显微组分测试表明,其主要以腐泥无定型有机质为主,含少量的镜状体。经统计计算,上扬子地区寒武系牛蹄塘组干酪根类型指数为 90~100,干酪根类型以 I 型为主(图 2.1)。

有机岩石学全岩光片分析也表明,下寒武统牛蹄塘组页岩的生源组合中腐泥组分占绝对优势,此外在页岩基质中也发现一定量的碳沥青,含量一般介于 10%~20%。此外,上扬子地区下寒武统牛蹄塘组干酪根碳同位素值 $\delta^{13}C$ 分布在 −34.7‰~−28.6‰,干酪根同位素值较小,反映了寒武系牛蹄塘组干酪根类型为腐泥型及腐殖腐泥型(图 2.2)。

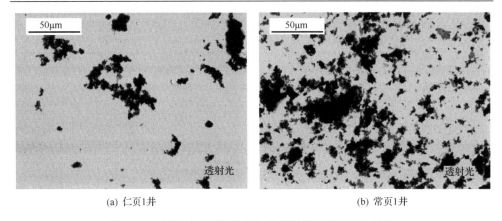

(a) 仁页1井　　　　　　　　　　　　　　　(b) 常页1井

图 2.1　上扬子地区下寒武统牛蹄塘组黑色页岩显微组分

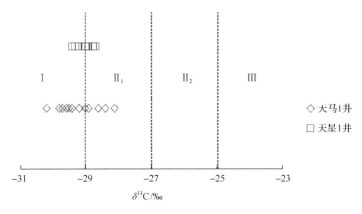

图 2.2　黔北地区下寒武统牛蹄塘组黑色页岩同位素特征

2.1.2　龙马溪组

上扬子地区下志留统黑色页岩样品的显微组分分析测试表明(图 2.3),显微组分同样以腐泥组分为主。此外,还存在一些似镜质体组分,这些似镜质体在光性特征上类似镜质组,一般认为是来源于藻类和藻类降解产物热解成烃后形成的镜状体(肖贤明等,2013;Wang et al.,2016)。干酪根镜检分析得出干酪根类型指数介于 70~100,表明下志留统龙马溪组富有机质页岩有机质类型主体为 I 型,兼含少量 II_1 型。

有机岩石学特征也表明龙马溪组页岩生源组合中腐泥组分含量占绝对地位,其次也发现一定量的固体沥青组分,平均 21.52%,其在页岩基质中多以填隙物的形式充填于孔隙和裂缝中。另外,黔北道真平胜剖面龙马溪组黑色页岩干酪根碳同位素值为–28.01‰~–29.15‰,平均为–28.7‰,较轻的碳同位素值进一步证实龙马溪组页岩主要以 I 型和 II_1 型干酪根为主。

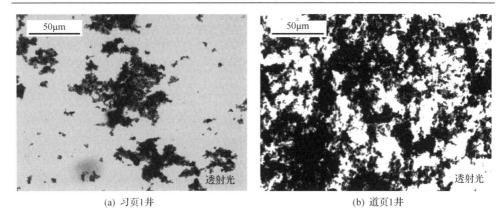

(a) 习页1井   (b) 道页1井

图 2.3   上扬子地区下志留统龙马溪组黑色页岩显微组分

本质上,有机质类型受控于有机质生源组合。而位于不同构造位置的页岩具有不同的有机质来源,因而也就造成了有机质类型在区域上呈现出一定的变化规律,具体表现为靠近沉积中心位置,有机质基本来源于浮游藻类及低等水生生物,因而有机质类型表现 I 型;而靠近古陆的地区,有机质生源组合中掺杂了少量陆源植物组分,有机质类型呈现出 II 型特征,具体来讲,早志留世时川西北、川南及川西南等地区为紧邻古陆的缓坡环境,古陆上的风化剥蚀作用将大量具管胞及纤维体的植物碎屑带入靠近古陆的缓坡环境中沉积下来,形成偏 II 型干酪根。这里需要说明的是,一般认为高等植物主要在泥盆纪以后才存在,早志留世时上扬子板块内的古陆上就已有较为高等的陆生植物——维管植物(目前世界上所知的最早的高等植物)存在,维管植物的演化受古地理格局的控制,植物登陆的时间还可追溯到古陆开始发育的奥陶纪。

2.2   有机质丰度

有机质丰度作为页岩发育特征的一个重要参数,是评价页岩好坏的一个重要指标。有机质丰度指标主要包括有机碳含量和氯仿沥青 "A",由于我国海相地层发育时代老、经历多期构造事件,残留氯仿沥青 "A" 含量普遍很低,不能准确反映我国海相页岩的好坏,故主要采用有机碳含量对海相页岩进行评价。

2.2.1   牛蹄塘组

1. 统计规律

上扬子地区下寒武统牛蹄塘组黑色页岩样品的有机碳分析测试结果表明,这套页岩整体有机碳含量较高,但变化范围大,一般为 0.04%～14.3%,平均为 3.45%。

其中，有机碳含量普遍大于 1%的样品占样品总数的 92%；而有机碳含量大于 3%
的样品数占样品总数的 63%(图 2.4)。整体而言，下寒武统牛蹄塘组页岩有机质丰
度整体较高，为页岩气的发育奠定了良好的物质基础。

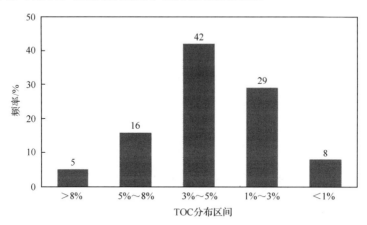

图 2.4　上扬子地区下寒武统牛蹄塘组富有机质页岩 TOC 频率分布图

2. 剖面变化

纵向上，下寒武统牛蹄塘组有机质丰度呈现出明显的"三段式"变化，测井
曲线对比也显示了富有机质页岩存在三个有机碳含量的峰值。这种有机碳在纵向
上的变化反映了沉积环境中水体的变化情况，即从早期到晚期，水体呈现变浅的
趋势，沉积相上也从深水陆棚相(部分地区存在盆地—斜坡相)逐渐过渡到浅水陆
棚相。具体来讲，寒武纪早期，大规模海侵背景下的浮游藻类生物大爆发，导致
牛蹄塘组底部沉积了一套富含生物硅的页岩，有机碳含量呈现高值。随后，水体
继续加深但有机生物数量减少，牛蹄塘组中段 TOC 值有所降低，但依然处于高值
区。到了牛蹄塘组晚期，随着水体逐渐变浅及陆源物质的输入，牛蹄塘组上段 TOC
值呈现逐渐降低的趋势，岩性也逐渐过渡到粉砂质泥岩和泥质粉砂岩，这种情形
在黔北地区尤为明显(图 2.5)。

此外，川北南江沙滩剖面、川中高科井、鄂西王子石剖面中有机碳含量在
纵向上也呈现类似的变化规律，即底部有机碳含量最高，往上逐渐变低(龙鹏
宇等，2011)。湘西地区常页 1 井下寒武统牛蹄塘组页岩 584 个实验样品的数
据，同样显示出此变化规律，有机碳含量在 1100m 处开始显著增加，1103～
1224m 层段有机碳平均含量为 10.14%，1288～1344m 有机碳平均含量为
8.22%(图 2.6)。

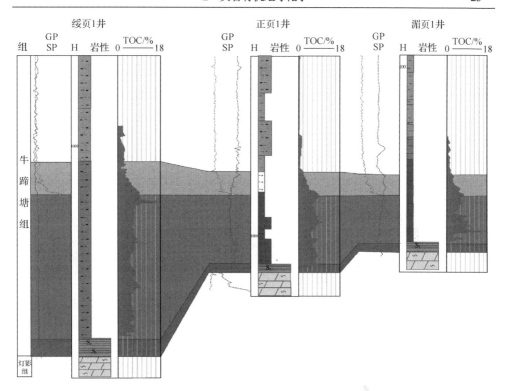

图 2.5　黔北地区绥页 1 井、正页 1 井和湄页 1 井有机碳含量

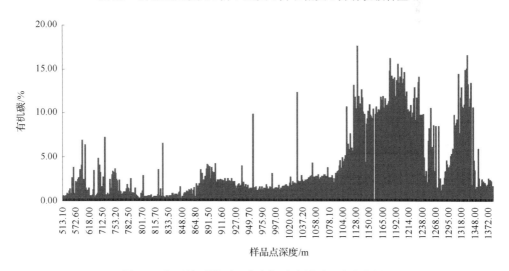

图 2.6　湘西地区常页 1 井有机碳含量随深度变化图

另外，值得注意的是，在地台北缘牛蹄塘组页岩有机碳含量只在下部存在一个高峰，而南部则发育两个有机碳高值，如川中高科 1 井、黔西北毕节方深

1 井和黔东北的铜仁坝黄。对于这种特征，不同研究者存在不同解释，梁狄刚
等(2009a)认为，早寒武世川北和鄂西、渝东地区受秦岭洋的影响，而川南和
黔北受华南洋的影响，由于华南洋正处于逐渐关闭期，两者对台地沉积环境的
影响不同造成了页岩特征上的差异。下寒武统是在一次快速海进与缓慢海退过
程中形成的，体现在有机碳含量的垂向变化为早期海进时水体较深，有利于有
机质的保存，随着水体变浅，有机碳含量逐渐减小，而南部出现两次峰值，与
南缘的热水事件有关。另一种观点(陈兰，2005)认为是在南缘出现两次海平面
的升降形成的，并有地球化学元素证据。此外，南部比北部的高有机碳的页岩
厚度要大。

　　3. 平面变化

　　区域上，下寒武统牛蹄塘组页岩高有机碳区域主要位于黑色页岩的沉积中心，
即川南、滇东—黔北、渝东南—湘西、川东—鄂西、川北和渝东北地区，这些地
区有机碳含量均超过 3%。从沉积中心向川中古隆起方向有机碳含量逐步降低，其
中，川东—鄂西地区有机碳含量介于 0.28%~4.32%，平均为 2.03%，高值区主要
位于鄂西的长阳和鹤峰地区；川北地区有机碳含量为 1.86%~11.8%，平均为 4.95%，
其中高值区位于重庆城口附近，巴山有机碳含量最高，为 11.8%；川中地区有机
碳含量为 2.18%~2.95%，平均为 2.57%；川西南地区有机碳含量为 0.62%~7.99%，
平均为 2.53%，高值区主要位于川南威远地区，其中威 11 井有机碳含量最高，为
7.99%；川南大部分地区有机碳含量超过 2%，一般为 1.1%~7.24%，平均为 3.25%；
滇东—黔北地区有机碳含量为 0.04%~14.3%，平均为 4.56%，其中，黔北大方—
息烽—瓮安和黔东北江口—松桃—铜仁等是高值区，有机碳含量均大于 5%；渝东
南—湘西地区有机碳含量为 0.52%~7.59%，平均为 2.66%，其中，湘西吉首附近
有机碳含量最高，为 7.59%(图 2.7，图 2.8)。

2.2.2　龙马溪组

　　1. 统计规律

　　上扬子地区下志留统龙马溪组黑色页岩样品的有机碳分析测试结果表明，这
套页岩的有机碳含量较高(Tang et al.，2016)。与下寒武统样品类似，各地区有机
碳含量变化范围也很大，一般为 0.30%~7.97%，平均为 2.53%。其中，有机碳含
量普遍大于 1%，有机碳含量大于 1% 的样品数占分析总数的 85%，有机碳含量大
于 2% 的样品数占分析总数的 61%(图 2.9)。从烃源岩评价的角度来看，下志留统
龙马溪组黑色页岩有机碳含量整体较高，为好烃源岩。

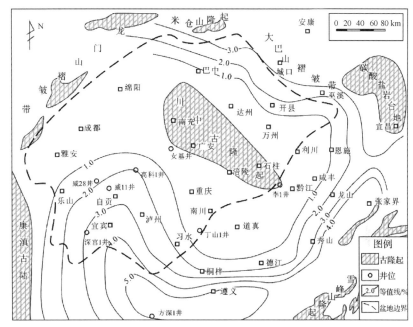

图 2.7 上扬子地区下寒武统黑色页岩有机碳含量等值线图

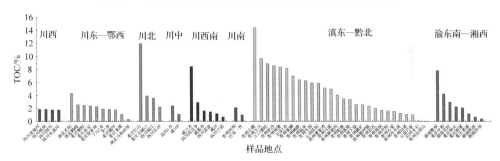

图 2.8 上扬子地区下寒武统各区主要样品点有机碳含量

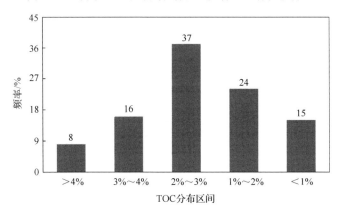

图 2.9 下志留统龙马溪组主要样品点有机碳频率分布图

2. 剖面变化

纵向上，上扬子地区龙马溪组下部富有机质页岩较纯，有机碳含量介于2.0%～6.0%，平均为 3.5%；上部有机碳含量主要介于 0.4%～1.3%，普遍都小于1%。总体上看，龙马溪组下部有机碳含量明显较上部高，且随着深度的降低，有机碳含量呈现逐渐减小的趋势，地层上、下段有机碳含量的变化与沉积环境的变化有关。如川南丁山 1 井龙马溪组黑色页岩剖面中，沿剖面向上，有机碳含量是逐渐降低的，底部有机碳含量最高为 2.9%，向上减小至 0.2%，全井段平均1.02%（龙鹏宇等，2012）。此外，川北观音剖面、鄂西王家湾剖面中下志留统龙马溪组黑色页岩也呈现出同样的变化规律，底部有机碳含量最高可达 3.5%以上，向上逐渐变小至顶部最低降为 0.26%（龙鹏宇等，2012）。图 2.10 为黔北地区所钻取的习页 1 井和道页 1 井龙马溪组页岩地化剖面，从图中可以明显地看出，龙马溪组页岩底部有机碳含量最高，可达 8%，向上有机碳含量逐渐递减。

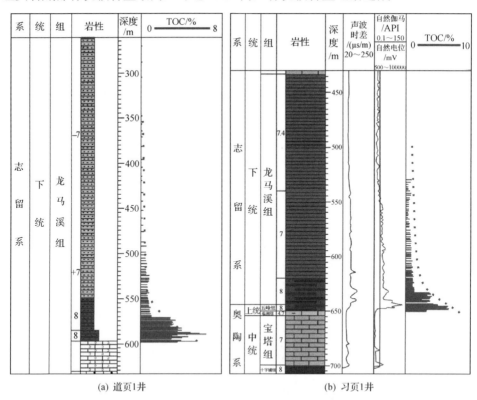

图 2.10　黔北地区龙马溪组富有机质页岩纵向有机质含量变化图

湘西地区永页 1 井 20 个实验样品数据也呈现出此规律，下志留统龙马溪组富有机质页岩有机碳含量在 0.09%～3.47%，平均为 1.55%，有机碳含量明显由底部向顶部减小(图 2.11)。渝东南地区彭水县鹿角剖面揭示龙马溪组页岩同样具有此规律。整个页岩段有机碳含量介于 2%～6%，平均 3.5%左右，下部为黑色碳质页岩并富含笔石，有机碳含量介于 1.0%～5.2%；沿剖面向上，页岩矿物成分中砂质或钙质含量增多，有机碳含量则明显降低，介于 0.4%～1.3%，但主体小于 1%，至顶部有机碳含量最小可低至 0.2%(图 2.11)。

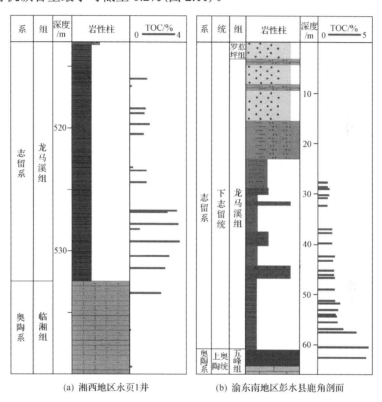

(a) 湘西地区永页1井   (b) 渝东南地区彭水县鹿角剖面

图 2.11 湘西地区永页 1 井和渝东南地区彭水县鹿角剖面龙马溪组页岩纵向有机质含量变化图

3. 平面变化

龙马溪组页岩有机碳的分布受沉积相控制明显，有机碳含量高值区主要围绕川南、川东—鄂西和川北—川(渝)东北三个深水陆棚区分布，此三个陆棚区实际上是被川中古隆起、牛首山—黔中古隆起和雪峰山隆起所围限形成的。具体来讲，包括川南、滇东、渝东南—湘西、川东—鄂西、川北、渝东北地区。其中，川西地区有机碳含量高值区主要位于四川旺苍附近，一般为 0.97%～3.43%，平均为 2.3%；川西南地区有机碳含量为 0.07%～3.79%，平均为 1.79%；川南大部分地区有机碳含量超过 1%，一般为 1.44%～4.27%，平均为 3.17%，珙县—泸州—古蔺一带为高值区，其中珙县双河有机碳含量高达 4.28%；川东—鄂西地区有机碳含量为 0.26%~7.56%，平均为 3.04%，高值区主要位于渝东石柱黄鱼塘—彭水江口—黔江石会、渝东北的巫溪—徐家坝和鄂西利川—咸丰—恩施地区，有机碳含量均大于 5%；川北地区有机碳含量为 1.16%~5.24%，平均为 3%，其中高值区位于重庆城口双河附近，有机碳含量为 5.24%；川中地区有机碳含量为 0.26%~6.13%，平均为 2.5%；滇东—黔北地区有机碳含量为 0.25%~6.16%，平均为 1.79%，有机碳含量总体普遍不高；渝东南—湘西地区有机碳含量为 0.12%~7.97%，平均为 1.52%，湘西张家界有机碳含量最大，为 7.97%(图 2.12，图 2.13)。

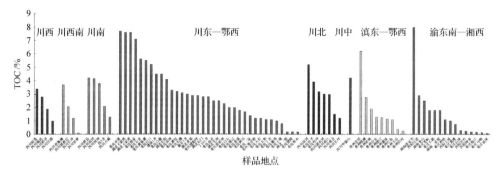

图 2.12　上扬子地区下志留统各区主要样品点有机碳含量

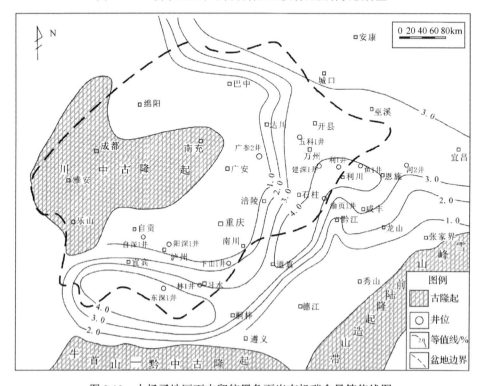

图 2.13　上扬子地区下志留统黑色页岩有机碳含量等值线图

2.3 有机质成熟度

热成熟度控制有机质的生烃能力，不但直接影响页岩气的生气量，而且影响生烃后天然气的赋存状态、运移程度和聚集场所。适当的热成熟度匹配适宜的有机质丰度使生气作用处于最佳状态(蒲泊伶等，2008；聂海宽等，2009)。镜质体反射率(R_o)是国际上公认的用于标定有机质成熟度的指标，但主要适用于富含镜质组的烃源岩层系。对于下古生界海相烃源岩层系，由于缺乏镜质组，故传统的镜质体反射率测定方法在此处可能存在不适用的问题(腾格尔等，2007)。基于此，国内外学者又陆续提出了诸如沥青反射率(R_b)、海相镜状体反射率，以及牙形刺相对荧光强度等成熟度的判识指标(涂建琪和金奎励，1999)，然后根据经验公式再将其换算为等效镜质体反射率。其中，等效沥青反射率应用最为广泛。因此，本书中采用等效沥青反射率来标定下古生界牛蹄塘组和龙马溪组页岩有机质成熟度。另外，对于烃源岩热演化程度的划分，本书采用的划分标准：即R_o低于0.6%为未成熟，0.6%~1.3%为成熟，1.3%~2%为高成熟，2%~3%为过成熟早期阶段，3%~4%为过成熟晚期阶段。

2.3.1 牛蹄塘组

1. 统计规律

下寒武统牛蹄塘组富有机质页岩地层形成时代老，古埋深较大，经历较长时间热演化，构造事件复杂，因而其有机质热演化成熟度普遍较高。上扬子地区页岩气调查井岩心数据显示，下寒武统牛蹄塘组富有机质页岩等效镜质体反射率变化范围多在2%~4%，且主体为过成熟早期演化阶段，次为过成熟晚期阶段，部分地区等效镜质体反射率超过4%，显示其经历更为强烈的热变质作用(图2.14)。

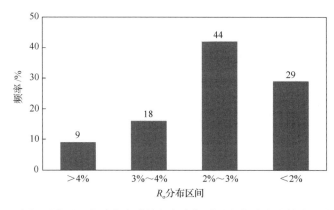

图2.14 上扬子地区下寒武统牛蹄塘组富有机质页岩热演化成熟度频率分布图

2. 纵向变化

纵向上，下寒武统牛蹄塘组页岩有机质成熟度变化不大，如川南地区丁山 1 井牛蹄塘组黑色页岩剖面，成熟度最大为 4.5%，最小为 3.6%，平均为 4.2%（龙鹏宇等，2011）。湘西地区的常页 1 井，30 个牛蹄塘组页岩样品的有机质成熟度分布在 3.9%～4.3%，平均值为 4.15%，表明成熟度纵向变化也不大。值得注意的是，虽然单井上 R_o 基本保持不变，但黔北地区多口井的成熟度测试数据表明成熟度随深度增加有微弱的增长趋势（图 2.15）。分析认为，这是因为相对于整个沉积地层，牛蹄塘组在漫长的地质历史时期中，经历了同等作用的热变质作用，所以同一地区的页岩 R_o 变化不大，但不同地区的页岩由于所处构造位置的不同，所经历的埋藏史存在一定程度的差别，故而会出现随深度增加呈现略微增加的趋势。

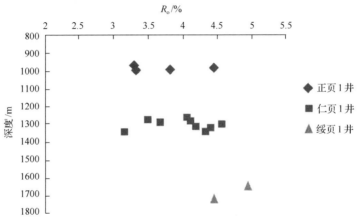

图 2.15　黔北地区牛蹄塘组成熟度随深度变化图

3. 平面变化

牛蹄塘组页岩在平面上形成了两个明显的热演化成熟度高值区，即川东北（宣汉—达县）和川南—黔西北（自贡—泸州—叙永—威信—金沙—贵阳），其值多数超过 4%，表明这些地区页岩已经处于变质作用阶段。其他地区按成熟度分布情况来看，川西地区有机质成熟度一般为 1.5%～3.4%，平均为 2.8%，大部分地区属于过成熟阶段；川东—鄂西地区有机质成熟度为 2.3%～4.3%，平均为 3.3%，川（渝）东北的五科 1 井—池 1 井—鄂西的龙马附近有机质成熟度均超过 4%，属于过成熟晚期，其他地区基本也都大于 2%，属于高成熟—过成熟早期；川北地区成熟度为 2.2%～4.2%，平均为 2.9%，其中高值区位于四川普光附近，为 4.2%，大部分地区成熟度大于 2%，也都属于过成熟期；川中地区成熟度为 2.9%～3.3%，平均为 3.1%，总体成熟度较高，基本大于 3%，属于过成熟晚期；川西南地区成熟度为 3.1%～4%，平均为 3.5%，总体成熟度较高，基本都属于过成熟晚期；滇东—黔北地区成熟度为 1.3%～5.5%，平均为 2.9%，分布范围大，大部分地区属于过成熟期，其中毕节方深 1 井成熟度最大，高达 5.5%；渝东南—湘西地区成熟度为 1.6%～3.6%，平均为 2.85%，大部分地区成熟度大于 3%，基本也都属于过成熟期(图 2.16)。

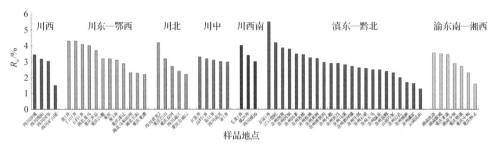

图 2.16　上扬子地区下寒武统各区主要样品点成熟度

2.3.2　龙马溪组

1. 统计规律

上扬子地区下志留统龙马溪组黑色页岩样品分析测试表明，总体演化程度较高，一般为 2%～4%。全区小于 2% 的占 10%，介于 2%～3% 的占 80%，大于 3% 的占 10%(图 2.17)，表明下志留统龙马溪组页岩有机质处于过成熟早期阶段。

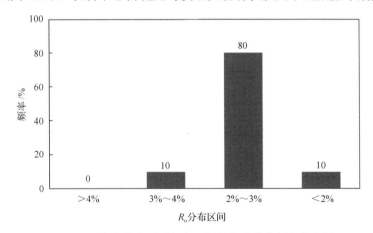

图 2.17　下志留统龙马溪组主要样品点成熟度频率分布图

2. 剖面变化

下志留统龙马溪组页岩有机质成熟度在同一剖面中变化较小。川南丁山 1 井龙马溪组黑色页岩剖面中，底部页岩有机质成熟度为 2.1%，上部为 1.9%，整个

页岩层段平均 2.0%，显示出相对稳定的成熟度变化区间（龙鹏宇等，2011）。渝东
南地区的渝页 1 井龙马溪组页岩段 R_o 介于 1.8%～2.2%，变化不大（图 2.18）。黔北
地区习页 1 井龙马溪组页岩有机质成熟度分布范围在 2.5%～4%，平均值为 3.0%，
整体变化也不大（图 2.18）。湘西地区永页 1 井龙马溪组页岩成熟度整体相对较高，
但垂向分布区间依然变化不大，有机质成熟度介于 3.1%～3.3%，平均值为 3.2%。
这种变化特征符合同一层段进行同沉积演化的特征，而层段内有机质成熟度的微
弱变化可能更多的与外部因素有关，如生气量大的高压部位，有机质成熟度受压
力抑制可能表现出相对较小的成熟度。

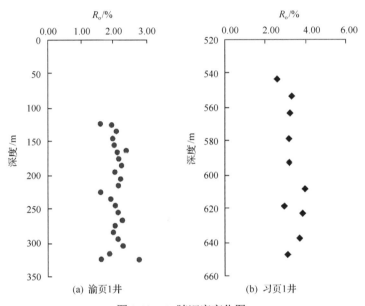

图 2.18　R_o 随深度变化图

3. 平面变化

相较于有机质成熟度在剖面上相对稳定而言，有机质成熟度分布在平面上具
有很好的规律性。其中，在川东北（宣汉—达县—开县—万州—利川）和川南（内
江—宜宾—泸州—赤水—习水—桐梓）形成两个高值区，成熟度均超过 3.5%，达
到过成熟晚期阶段。除此之外，上扬子大部分地区成熟度大于 2%，基本上处于高
成熟、过成熟阶段。其中，川西地区有机质成熟度一般为 1.2%～3.15%，平均为
2.39%，基本处于高成熟—过成熟早期阶段；川东—鄂西地区有机质成熟度为
1.56%～4.3%，平均为 2.65%，属于高成熟—过成熟早期阶段；川北地区成熟度为
1.04%～3.9%，平均为 2.3%，其中高值区位于四川普光附近，平均值约为 3.9%，
属于过成熟晚期阶段；川中地区成熟度为 1.95%～4.23%，平均为 2.66%，属于高

成熟—过成熟早期；川南地区成熟度为 2.01%～3.8%，平均为 2.84%，其中习水良村—赤水—泸州是成熟度高值区，成熟度大于 3.5%，属于过成熟晚期；川西南地区成熟度为 2.53%～3.28%，平均为 2.81%；滇东—黔北地区成熟度为 1.6%～2.53%，平均为 2.08%，大部分地区成熟度在 1.5%～2%，属于高成熟期；渝东南—湘西地区成熟度为 2.19%～3.36%，平均为 2.63%，且大部分地区小于 2.5%，属于过成熟早期(图 2.19)。

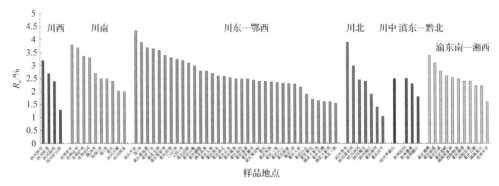

图 2.19　上扬子地区下志留统各区主要样品点成熟度

另外，从有机质生烃来看，上扬子地区下古生界页岩层系在不同地区 R_o 存在明显差异。在志留系沉积后，川北地区下寒武统富有机质页岩仍处于未成熟阶段，进入泥盆纪—石炭纪时期，成熟作用增进并不明显。而在二叠系地层沉积之后，下寒武统富有机质页岩进入低成熟阶段，且在早三叠世期间进入生油峰期(Zhou et al.，2016)。在早侏罗世沉积期间，开始进入以生气为主，而下志留统富有机质页岩进入主生油期。在中侏罗世沉积后，下寒武统富有机质页岩进入生气下限，下志留统富有机质页岩已开始大量生气。到晚侏罗世，下志留统富有机质页岩进入主生气阶段，下寒武统富有机质页岩进入生气下限。在早白垩世，下志留统富有机质页岩产出大量干气，并进入生气下限(蒲泊伶等，2008)。

2.4　有机质微观赋存状态

不同沉积环境形成的烃源岩，其有机质在不同尺度级别均表现出赋存方式上的非均质性，宏观尺度上(米级)非均质性表现为不同旋回的岩性组合。在更小的一些尺度(厘米级)上，沉积有机质的非均质性表现为顺层富集、局部富集或分散分布的特征。而在微观尺度上(微米级、纳米级)沉积有机质同样具有高度的非均质性，主要表现为有机质在页岩中的空间分布特征及与矿物晶体的相互关系等，而这需要采用更高放大倍数的扫描电子显微镜来实现对其观察，本书中采用了背散射扫描电子显微镜(简称背散射电镜)技术对有机质微观赋存状态进行了揭示。

2.4.1 牛蹄塘组

　　背散射电镜下可以清晰地观察到下古生界牛蹄塘组页岩有机质的微观分布形式,其中包括有连续状分布的有机质(图 2.20),也有分散状分布的有机质(图 2.21)。进一步结合不同显微组分的形貌特性及牛蹄塘有机显微组分组成,可知连续状分布的有机质主要为腐泥组分,也包含一定量的次生固体沥青组分,它们都具有一定的塑性,在页岩基质中可以改变自生形态充填于基质孔隙或裂缝中。相对而言,分散分布的有机质主要为一些结构有机显微组分,其具有一定的继承性原生有机质结构,在沉积压实过程中能够抵抗一定的压实作用而保持自生变形很少。进一步结合牛蹄塘组有机显微组成,可以推断这些分散分布的颗粒态有机质多为生物降解不彻底的原生藻类体组分。

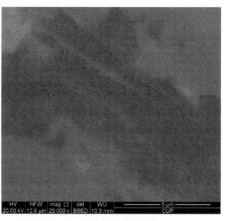

(a) 仁页1井　　　　　　　　　　　(b) 常页1井

图 2.20　牛蹄塘组页岩连续状有机质

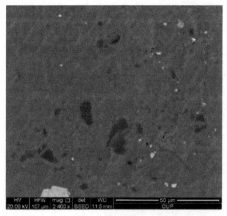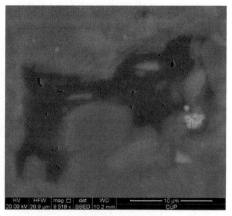

(a) 仁页2井　　　　　　　　　　　(b) 常页1井

图 2.21　牛蹄塘组页岩有机质分散分布

2.4.2 龙马溪组

背散射电镜下可以清晰地观察上扬子地区下志留统龙马溪组页岩有机质的分布形式，同样可分为连续状分布的有机质(图 2.22)和分散状分布的有机质(图 2.23)。龙马溪组页岩与牛蹄塘组页岩类似，在有机显微组成和有机质赋存上具有很大的相似性，龙马溪组中连续状分布的有机质主要为腐泥组分，也包含一定量的次生固体沥青组分；分散分布的有机质主要为一些原生结构藻类。

 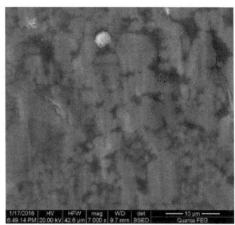

(a) 渝页1井，274m   (b) 习页1井

图 2.22 龙马溪组页岩有机质连续分布

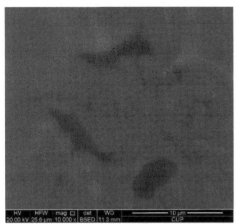 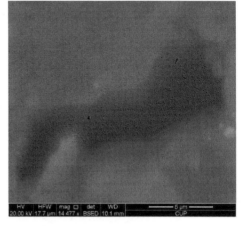

图 2.23 湖南龙山红岩溪露头剖面龙马溪组页岩分散状有机质

3 页岩矿物

页岩的矿物组成复杂，其主要成分是石英、黏土、长石及碳酸盐矿物等，含有少量硫化物(黄铁矿等)。其中，黏土矿物类型主要为伊利石、绿泥石、伊蒙混层和高岭石等。矿物组成直接影响了页岩储层吸附能力和基质孔隙度。另外，矿物成分中的脆性矿物，如石英、方解石等，是影响页岩可压裂性和诱导裂缝形态的重要因素。因此，页岩矿物组成对页岩气地质资源评价、成藏机理研究及开发工艺设计均具有重要意义(张金川等，2003；罗鹏和吉利明，2013)。

3.1 矿物组成

3.1.1 牛蹄塘组

川、渝东南、滇东、黔北及湘西等地区下古生界牛蹄塘组 43 个岩样测试结果统计显示，页岩主要矿物组成为：石英(16%~78%，平均48.3%)，黏土矿物(8%~61%，平均34.8%)，长石(0%~22%，平均8.4%)，碳酸盐(0%~55%，平均6.2%)，以及少量的黄铁矿(0%~10%，平均2%)。长石中以斜长石(0%~20%，平均6.9%)为主，钾长石(0%~10%，平均1.9%)含量较低。碳酸盐矿物方解石(0%~54%，平均3.4%)与白云石(0%~55%，平均3.5%)含量相当(李波文等，2017)。

牛蹄塘组黑色页岩的黏土矿物以伊利石(26%~91%，平均63.43%)和伊蒙混层(5%~63%，平均26.02%)为主，含少量的高岭石(0%~65%，平均4.47%)和绿泥石(0%~29%，平均6.07%)，几乎不含蒙脱石(图3.1)。

扫描电镜矿物定量评价分析能直观反映页岩中不同矿物的分布特征，同时还能提供定量化的矿物组成数据(周尚文等，2017)。仁页1井牛蹄塘组页岩矿物可视化图像可以看出页岩矿物以石英和伊利石为主，矿物分布规律清晰可见(图3.2)。

上扬子地区牛蹄塘组岩心样品岩性主要为黑色页岩、碳质页岩、硅质页岩。页岩矿物组成在单井中垂向上的分布随着沉积相和岩性的变化具有一定规律。常页1井石英含量为32%~78%，平均含量为50.1%，黏土矿物总量为10%~48%，平均含量为32.4%，钾长石含量少，平均含量为1.1%，斜长石平均含量为5.4%，方解石平均含量为2.05%，白云石平均含量为3.33%，黄铁矿平均含量为4.67%，部分样品含菱铁矿。黏土矿物中，绿泥石含量为0%~28%，平均9.3%，高岭石含量为0%~16%，平均5.9%。主体是伊利石和伊蒙混层，伊利石含量为51%~66%，平均含量为59.1%，伊蒙混层含量为13%~41%，平均含量为25.7%(图3.3)。

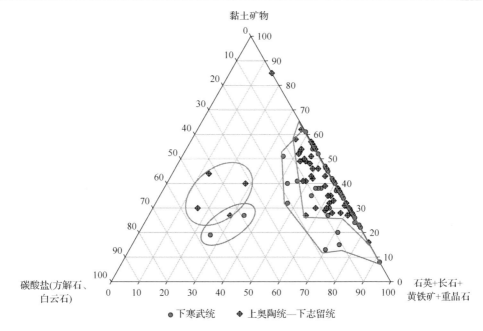

图 3.1　上扬子地区下古生界黑色页岩矿物组成三角图

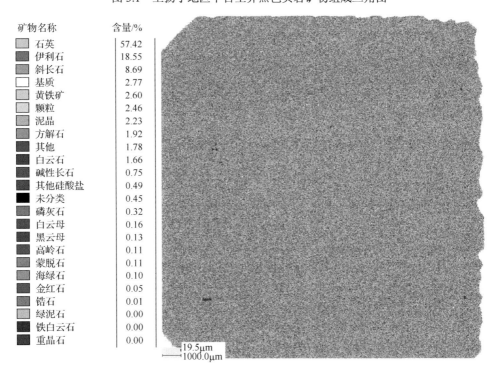

矿物名称	含量/%
石英	57.42
伊利石	18.55
斜长石	8.69
基质	2.77
黄铁矿	2.60
颗粒	2.46
泥晶	2.23
方解石	1.92
其他	1.78
白云石	1.66
碱性长石	0.75
其他硅酸盐	0.49
未分类	0.45
磷灰石	0.32
白云母	0.16
黑云母	0.13
高岭石	0.11
蒙脱石	0.11
海绿石	0.10
金红石	0.05
锆石	0.01
绿泥石	0.00
铁白云石	0.00
重晶石	0.00

图 3.2　仁页 1 井牛蹄塘组页岩矿物可视化图像(TOC=5.97%；R_o=3.28%)

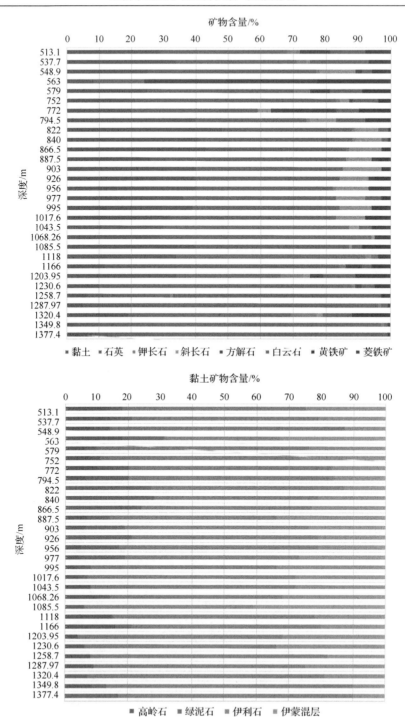

图 3.3 常页 1 井下寒武统牛蹄塘组页岩矿物成分含量

常页 1 井牛蹄塘组纵向上由浅到深石英含量趋于增大,黏土矿物、长石含量趋于减小,碳酸盐矿物中普遍含有白云石,并由牛蹄塘组底部的碳质页岩向震旦系的硅质页岩渐变。在黏土矿物中伊利石与伊蒙混层均占主体地位,普遍含有高岭石,绿泥石由浅到深趋于减少,伊利石有较小幅度的增加,伊蒙混层含量变化不大(图 3.4)。

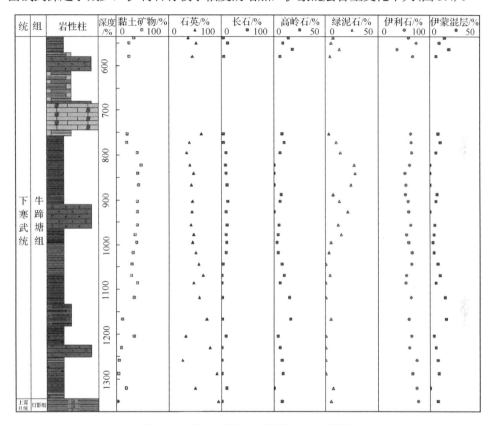

图 3.4 常页 1 井岩石矿物学综合分析图

由下而上,碎屑矿物总体含量接近,反映出相对接近的沉积环境;碳酸盐矿物含量向上呈增加的趋势;黏土矿物含量自下而上也呈逐渐增加的趋势;相反,有机碳含量呈逐渐降低的趋势,二者具明显负相关关系,反映了相对接近的沉积背景下沉积水体呈逐渐变浅的趋势。

渝科 1 井纵向上由浅到深的矿物变化规律与常页 1 井有所区别,黏土含量趋于增大,石英含量趋于减小,碳酸盐矿物中普遍含有方解石和白云石,且自上而下呈现逐渐降低的趋势。黏土矿物以伊利石、绿泥石及伊蒙混层为主,几乎不含高岭石,绿泥石由浅到深趋于增加,这可能是由于富铁、富镁的黏土矿物随着成岩作用的加深向绿泥石转化造成的,伊利石有较小幅度的减少,伊蒙混层含量呈降低趋势(图 3.5)。

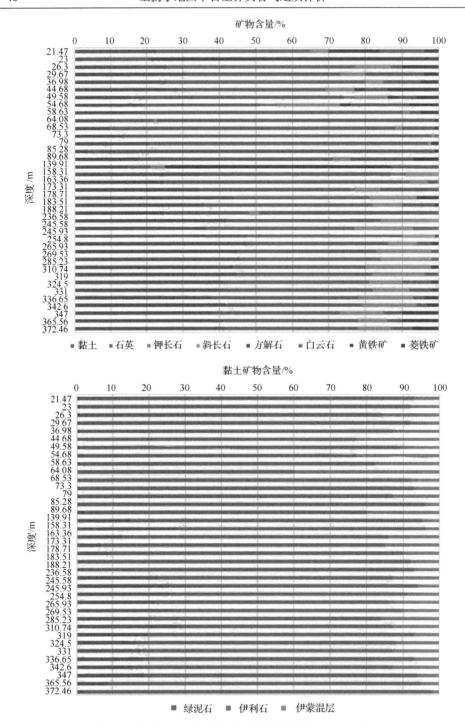

图 3.5　渝科 1 井下寒武统牛蹄塘组页岩矿物成分含量

在平面上，川西、黔北和湘西下寒武统牛蹄塘组石英含量最高，大于40%，而滇东、川东及鄂西地区下寒武统牛蹄塘组黏土含量相对较高(图3.6)。碳酸盐矿物分布不均，上扬子东北部地区为碳酸盐矿物分区(以长阳津洋口剖面为代表)，富有机质页岩中以碳酸盐自生矿物为主，次为碎屑矿物。川南区、川东南区为碎屑矿物分布区，碳酸盐自生矿物稀少至未见。黔北区、渝东南区主体为碎屑矿物，碳酸盐自生矿物呈点状—带状分布，渝东南秀山—黔北松桃等地含量较高，可达11%～39%(图3.7)。

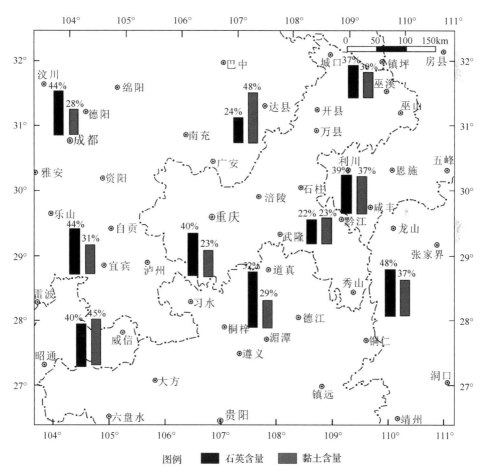

图3.6　上扬子地区下寒武统牛蹄塘组黑色页岩矿物含量平面变化图

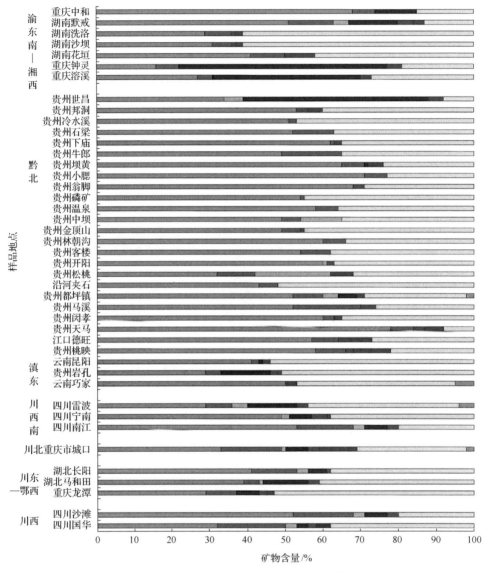

图 3.7　下寒武统牛蹄塘组黑色页岩矿物含量变化图

3.1.2　龙马溪组

　　川、渝东南、鄂西、黔北及湘西等地区下古生界龙马溪组 48 块岩样测试结果统计显示，页岩主要由石英(4%~80%，平均 41.1%)、黏土矿物(16%~85%，平均 41.1%)、长石(0%~25%，平均 9.1%)和碳酸盐矿物(0%~10%，平均 1.3%)组成，其次为黄铁矿(0%~10%，平均 1.3%)等。龙马溪组黑色页岩的黏土矿物以伊利石(26%~91%，平均 63.43%)和伊蒙混层(5%~63%，平均 26.02%)为主，含少量的高岭石(0%~65%，平均 4.47%)和绿泥石(0%~29%，平均 6.07%)，几乎不含蒙脱石(图 3.1)。桐页 1 井龙马溪组页岩矿物扫描电镜矿物定量评价显示，页岩矿物同样以石英和伊利石占主导，但矿物定向排列和页岩纹层明显，方解石脉的充填也清晰可见(图 3.8)。

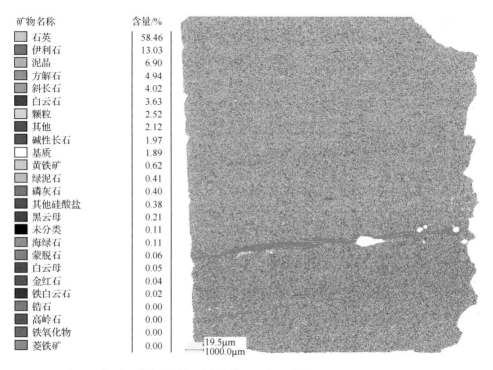

矿物名称	含量/%
石英	58.46
伊利石	13.03
泥晶	6.90
方解石	4.94
斜长石	4.02
白云石	3.63
颗粒	2.52
其他	2.12
碱性长石	1.97
基质	1.89
黄铁矿	0.62
绿泥石	0.41
磷灰石	0.40
其他硅酸盐	0.38
黑云母	0.21
未分类	0.11
海绿石	0.11
蒙脱石	0.06
白云母	0.05
金红石	0.04
铁白云石	0.02
锆石	0.00
高岭石	0.00
铁氧化物	0.00
菱铁矿	0.00

图 3.8 桐页 1 井龙马溪组页岩矿物可视化图像(TOC=6.07%；R_o=1.92%)

从单井矿物组成上看，永页 1 井龙马溪组底部碳质页岩、黑色页岩石英含量为 23%~66%，平均含量为 45.2%，黏土矿物总量为 26%~40%，平均含量为 31.2%，钾长石含量少，平均含量为 1.1%，斜长石含量为 4%~15%，平均含量为 8.1%，少数样品含方解石，白云石平均含量为 5%，黄铁矿平均含量为 2.3%，不含菱铁矿。黏土矿物中，主体是伊利石和伊蒙混层，伊利石含量为 30%~42%，平均含量为 35.7%，伊蒙混层含量为 38%~57%，平均含量为 48.5%。绿泥石含量为 9%~25%，平均含量为 15.8%，不含高岭石(图 3.9)。

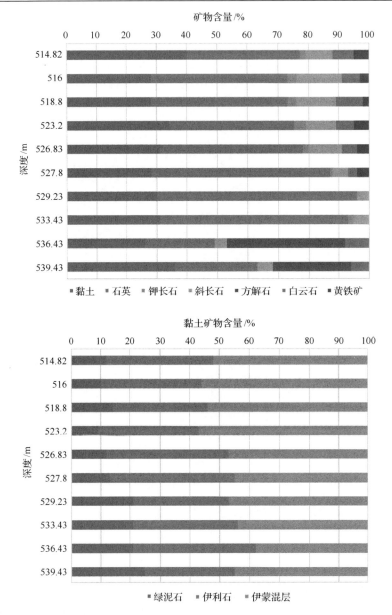

图 3.9　永页 1 井下志留统龙马溪组页岩矿物成分含量

　　纵向上,永页 1 井下志留统龙马溪组矿物组成由浅到深石英含量趋于增大,黏土含量变化不大,长石含量趋于减小。在黏土矿物中伊利石与伊蒙混层均占主体地位,纵向上变化不大,绿泥石含量较小,由顶部向底部增加(图 3.10)。

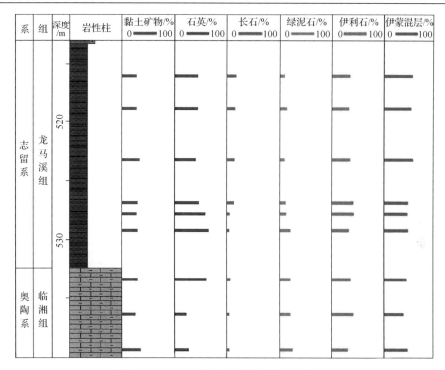

图 3.10　永页 1 井岩石矿物学综合分析图

渝页 1 井龙马溪组页岩矿物成分以石英和黏土矿物为主，还含有少量的斜长石、钾长石、方解石、白云石和黄铁矿。石英含量普遍较高，在 26.3%~54.7%，平均 36.2%，其中顶部 73m 以上和底部 171m 以下岩段石英含量较高，一般大于40%；碳酸盐含量全井变化大，在 0%~17.9%，平均 6.2%，主要集中在底部页岩段；黏土矿物含量自上而下逐渐变小，特别在 186m 以下页岩段黏土矿物含量相对较低，平均为 37.7%(图 3.11)。黏土矿物以伊利石为主，以及少量的高岭石和绿泥石，基本不含蒙脱石，可见蒙脱石已大量向伊利石转化，且有机质已过成熟。

在平面上，上扬子地区下志留统龙马溪组除了川西南、川东和渝东南等地区外，各区石英含量基本都大于 40%，川北、湘西等地含量最高，均超过 50%(图 3.12)。川中古隆起—汉南古陆周缘地区，岩石矿物组成以石英、长石为主，但含量差别较大，一般为 40%~70%；雷波—泸州—重庆—石柱—万县等地区，石英与长石含量之和可达 25%~50%、碳酸盐自生矿物含量可达 20%~55%；其余地区为过渡区，主要包括黔中古隆起—雪峰山隆起北侧、鄂西—渝东北地区，石英长石含量之和可达 35%~60%、碳酸盐自生矿物含量可达 5%~15%。可见，川南黔北地区富碳酸盐自生矿物，与龙马溪组富有机质页岩沉积中心相对应，而川中古隆起—汉南古陆周缘浅海沉积区则相对稀少(图 3.13)。

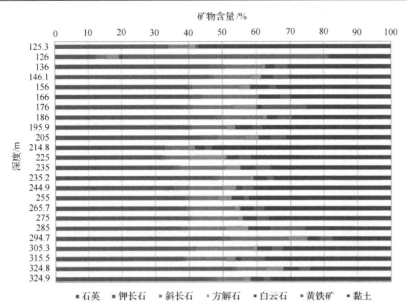

图 3.11　渝页 1 井下志留统龙马溪组页岩矿物成分含量

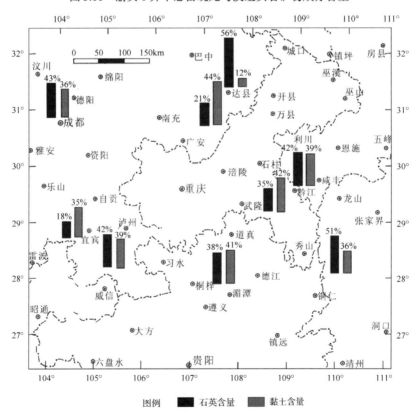

图 3.12　上扬子地区下志留统龙马溪组黑色页岩矿物含量平面变化图

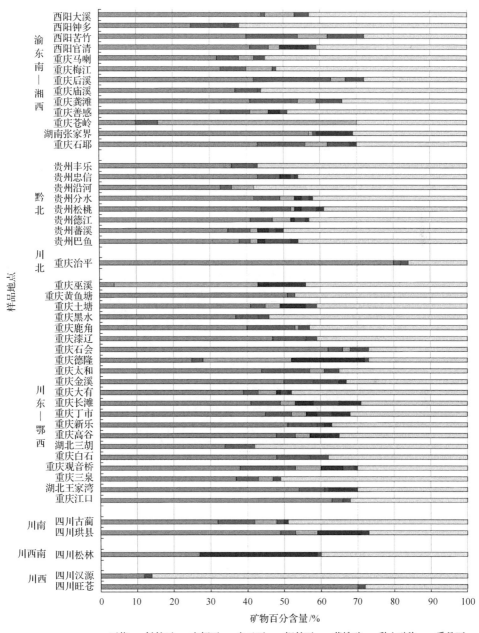

图 3.13 下志留统龙马溪组黑色页岩矿物含量变化图

3.1.3 矿物组成与岩相划分

上扬子地区牛蹄塘组和龙马溪组黑色页岩岩相类型主要分为碳质页岩、硅质页岩、泥质粉砂岩、粉砂质页岩、含碳质钙质粉砂质页岩、含碳质粉砂质页岩、含粉砂碳质页岩等岩相类型。

1. 碳质页岩

该岩性以黑色碳质页岩为主，其次为碳质粉砂质页岩，极易污手，水平层理极其发育，可见黄铁矿颗粒呈条带状，该岩相主要分布于牛蹄塘组和龙马溪组底部。显微特征主要由显微鳞片状的水云母黏土矿物与有机质共生，不规则状集合体的碳质较均匀分布，渲染岩石整体呈黑色。有机碳含量大于 2%。在其内分布着少量的粉砂碎屑物和微量云母碎屑，主要为石英粉砂，其中呈隐晶—微粒状，部分与泥质相伴，形成硅质泥质团块。裂缝较发育，具有一定的方向性，多被有机质和硅质充填(图 3.14)。

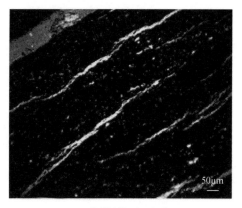

(a) 碳质页岩，仁页2井　　　　　　　(b) 碳质泥岩，仁页2井

图 3.14　碳质页岩野外露头和镜下特征

2. 硅质页岩

该岩性组合主要以黑色硅质页岩为主，夹薄层黑色含硅质纹层页岩和粉砂质泥岩层，致密块状构造，沿硅质层易产生断裂(图 3.15)，见黄铁矿结核。显微特征硅质页岩整体具泥质结构，含少量石英和长石，石英具粉砂结构，有具聚片双晶的斜长石和具泥化的钾长石等，呈次棱角状—次圆状，微量云母碎片呈针片状、叶片状定向排列。岩石内发育硅质放射虫，呈椭圆状—圆状，含量约 20%，有些硅质放射虫内部溶蚀被有机质充填，钙质胶结物主要为方解石和白云石组成，方解石为主，方解石呈微晶状—细晶状充填于颗粒边缘及其孔隙之间。

(a) 灰黑色硅质泥岩, 沿硅质层易断裂, 仁页2井   (b) 硅质泥岩, 仁页2井

图 3.15 硅质页岩野外露头和镜下特征

3. 泥质粉砂岩

该岩性基本上由大量陆源碎屑和少量填隙物两部分组成(图 3.16), 碎屑成分为石英矿物屑、长石矿物屑、岩屑(硅质岩岩屑等)及其他矿物屑(白云母矿物屑、绿泥石矿物屑等), 矿物分选较好。

(a) 泥质粉砂岩, 岚皋县   (b) 层纹状—条纹状构造

图 3.16 条纹状—层纹状含泥质粉砂岩野外露头和镜下特征

填隙物不均匀分布, 矿物成分为黏土矿物、有机质和黄铁矿, 相对于陆源碎屑起胶结作用。黏土矿物呈微鳞片状, 部分黏土矿物具有绢云母化特征; 有机质不均匀分布; 黄铁矿常呈半自形—自形粒状结构。

4. 粉砂质页岩

该岩性以灰黑色、灰色粉砂质页岩为主, 夹薄层泥质粉砂岩, 发育泥质条带。岩石以水平层理为主, 见少量小型砂纹层理、水平层理及脉状层理(图 3.17)。显微特征以碎屑沉积为主,粉砂岩中主要成分为石英,以粉砂颗粒为主,部分呈隐晶状—微粒状;长石,呈微粒状—粉砂状,主要为具聚片双晶的斜长石,呈次棱角状—次圆状;自生矿物以黏土矿物为主,主要为显微鳞片状的水云母黏土矿物作定向排列,形成定向构造。

(a) 粉砂质页岩,水平层理,金沙箐口　　　　　　(b) 粉砂岩显微特征

图 3.17　粉砂质页岩野外露头和镜下特征

5. 含碳质粉砂质页岩

该岩性主要以灰黑色、黑色含碳质粉砂质泥岩为主,夹灰黑色含碳质泥质粉砂岩,沉积构造为水平层理和砂纹层理。显微特征表明陆源碎屑矿物含量较高,主要成分为石英、长石与云母,石英主要呈粉砂状,呈次棱角—次圆状,分选不好,部分呈隐晶—微粒状,部分与泥质相伴;黏上矿物主要为显微鳞片状的水云母;粉末状集合体的碳质沿层面渲染呈黑色条带状及黑色团块状(图 3.18)。

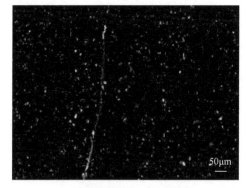

(a) 含碳质粉砂质泥岩野外特征　　　　　　(b) 含碳质粉砂质泥岩显微特征

图 3.18　含碳质粉砂质页岩野外露头和镜下特征

6. 含碳质钙质粉砂质页岩

该岩性具有条纹状—层纹状构造，不同矿物组分(黏土矿物、碳质、黄铁矿和陆源碎屑等)各自顺层呈条纹-层纹状产出。岩石受应力作用发生扭曲、膝折现象(图 3.19)，板状构造，板劈理较发育。

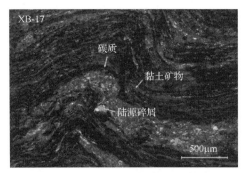 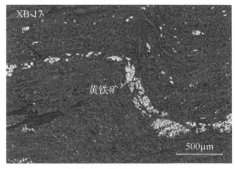

(a) 条纹—层纹状构造，透射光(+)+石膏试板 　　(b) 黄铁矿层状分布，反射光(−)

图 3.19　条纹状—层纹状含碳质钙质粉砂质黏土板岩

该岩性基本上由黏土矿物、碳质、方解石变晶、黄铁矿变晶和陆源碎屑五种组分组成。黏土矿物不均匀分布，呈层状聚集，显微鳞片状结构，大部分黏土矿物具有绢云母化特征。碳质不均匀分散状分布，呈层状聚集，使样品近黑色产出。方解石具粒状变晶结构。黄铁矿不均匀分布，半自形-自形粒状结构。

7. 粉砂质碳质页岩

该岩性组合以黑色粉砂质碳质页岩为主，有机碳含量高，发育水平层理或断续的水平层理，常有断裂发育，分布于各剖面有利层段上部。显微特征岩石具有泥质结构，主要由水云母黏土矿物组成，呈粉砂级别的陆源碎屑、黑色有机质、云母碎屑及少量钙质分散分布其中(图 3.20)。陆源碎屑主要为石英，含少量长石，粒度较小，分选较好；黑色有机质有呈带状定向排列，显条纹构造、纹层构造，偶见条纹不连续，呈断续状较均匀分布于岩石中，大部分有机质均呈粉末状集合体渲染于黏土矿物表面，将岩石渲染呈黑色，透光性差。

根据页岩气藏特殊的地质特征，页岩的矿物组成可分为两个类别：脆性矿物和黏土矿物，脆性矿物又分为硅质类(石英、长石、黄铁矿等)和碳酸盐矿物(方解石、白云石)。页岩岩相可分为硅质型页岩(石英+长石等含量大于 50%，黏土矿物小于 40%，碳酸盐矿物含量小于 30%)、黏土质型页岩(石英+长石等含量小于 50%，黏土矿物含量大于 40%，碳酸盐矿物含量小于 30%)和碳酸盐质型页岩(碳酸盐矿物含量大于 30%)。

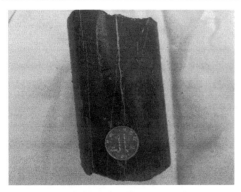 

(a) 碳质泥岩岩心特征，湄页1井　　　　　　(b) 显微特征，正页1井

图 3.20　粉砂质碳质页岩沉积特征野外露头和镜下特征

吴蓝宇等(2016)针对南方下寒武统建立了寒武系页岩岩相类型的划分(表 3.1)。

表 3.1　寒武系页岩岩相类型划分

大类		亚类		硅质	灰质	泥质
硅岩(硅质岩)		硅岩(硅质岩)		>75%	<25%	<25%
S	硅质页岩	S-1	富灰硅质页岩	50%~75%	25%~50%	<25%
		S-2	硅质页岩	50%~75%	<25%	<25%
		S-3	富泥硅质页岩	50%~75%	<25%	25%~50%
M	混合质页岩	M-1	富灰/硅混合质页岩	25%~50%	25%~50%	<25%
		M-2	富泥/硅混合质页岩	25%~50%	<25%	25%~50%
		M-3	混合质页岩	25%~50%	25%~50%	25%~50%
		M-4	富泥/灰混合质页岩	<25%	25%~50%	25%~50%
泥岩		泥岩		<25%	<25%	>75%
CM	泥质页岩	CM-1	富硅泥质页岩	25%~50%	<25%	50%~75%
		CM-2	泥质页岩	<25%	<25%	50%~75%
		CM-3	富灰泥质页岩	<25%	25%~50%	50%~75%
灰岩		灰岩		<25%	>75%	<25%
C	灰质页岩	C-1	富硅灰质页岩	25%~50%	50%~75%	<25%
		C-2	灰质页岩	<25%	50%~75%	<25%
		C-3	富泥灰质页岩	<25%	50%~75%	25%~50%

　　通过对四川盆地东缘地区牛蹄塘组页岩有机碳含量进行统计，将有机质丰度分为 4 级，即：TOC<1.0%为差，1.0%~2.0%为一般，2.0%~4.0%为好，大于4.0%为很好。不同有机质含量的黑色页岩，其岩石组分及其含量具有一定的差别，而黏土矿物组分与含量差别不大，均以伊利石和伊蒙混层为主，伊蒙混层含量差别稍大，含有少量的绿泥石与高岭石且不均匀分布。

　　根据页岩成分岩相类型的划分,通过四川盆地东缘地区牛蹄塘组黑色岩系岩相
与 TOC 含量的关系图(图 3.21)可看出,牛蹄塘组 TOC>4.0%的黑色页岩主要以硅
质页岩大类中富泥硅质页岩和硅质页岩为主;在 TOC 介于 2.0%~4.0%的黑色页岩
中以硅质页岩大类中的富灰硅质页岩和硅质页岩为主,少量表现为混合质页岩;在
TOC 介于 1.0%~2.0%的黑色页岩中总体以硅质页岩大类中富灰硅质页岩为主,部
分表现为混合质页岩大类中的富灰/硅混合质页岩;在 TOC<1.0%的暗色页岩中总
体以硅质页岩大类为主,少量表现为混合质页岩大类中的富泥/硅混合质页岩。

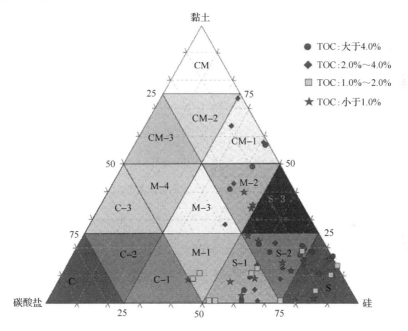

图 3.21　牛蹄塘组不同岩相与 TOC 关系

3.2　矿物成因与转化

3.2.1　矿物成因

　　随着页岩岩石学特征研究的不断深入,页岩中的特征矿物如石英、黏土和黄
铁矿等矿物成因逐渐引起大家的注意,不同成因的矿物对于页岩的形成环境及有
机质保存和生烃都有重要的指示作用。

1. 石英的成因

　　泥质沉积物中石英的来源除了陆源的供给外,在成岩过程中形成的石英也是页
岩储层重要的组成部分。成岩过程中形成的石英可进一步划分出生物成因的石英和

黏土矿物转化过程中形成的石英。生物成因的石英通常以隐晶、微晶及微晶聚集体的形式出现，呈不规则状，大小介于 3～10μm。该类型的石英是硅质浮游生物(硅藻、放射虫、硅质海绵骨针)躯壳在埋藏过程中溶解再沉淀或重结晶形成。成岩过程中在温度和压力的作用下会转化成隐晶、微晶石英及粗晶石英。在永页 2 井五峰—龙马溪组页岩薄片上可见到大量残余的硅质生物化石，主要为放射虫、硅质海绵骨针等(图 3.22)，这也指示了页岩中含有生物成因的石英(赵建华等，2016)。

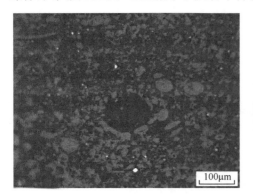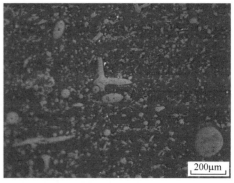

图 3.22　永页 2 井五峰—龙马溪组黑色页岩中硅质生物化石

上扬子地区牛蹄塘和龙马溪组页岩有机碳含量与石英含量之间存在很好的正相关关系(图 3.23)，这与自生石英的形成有关。高有机生产力是富有机质页岩形成的关键因素之一，国内外大量研究也表明海相烃源岩岩系中，通常含有丰富的硅质生物化石。硅质浮游生物是海洋初级生产力的主要提供者，其含量与表层水体中的生物繁盛程度密切相关，它的时空分布可用于反映古生产力的变化过程。此外，浮游动物和浮游植物骨骼中存在大量的有机物，这在很大程度上可以促使沉积岩中有机质的增加。因此富含生物成因石英的页岩代表着沉积时古生产力高，相应生烃母质生物繁茂，从而对有机质的富集更为有利。

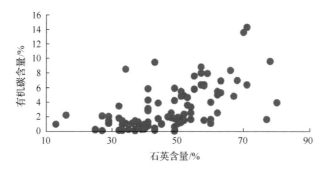

图 3.23　上扬子地区黑色页岩有机碳含量与石英含量的关系

2. 黄铁矿的成因

黄铁矿（FeS$_2$）是铁的二硫化物，广泛存在于泥页岩储层中，它的富集显示良好的还原环境。通过扫描电镜（SEM）观察发现，湘鄂西龙马溪组页岩中的黄铁矿以草莓状形态富集[图 3.24（a）～（c）]。其中草莓状黄铁矿的形态有大有小，大体型的草莓状黄铁矿粒径可达 20μm，最小体型的草莓状黄铁矿粒径约 1.5μm。经过抛光后扫描电镜下的草莓状黄铁矿通常由立方形微晶颗粒[图 3.24（d）]、五边形微晶颗粒[图 3.24（e）]和近球形微晶颗粒组成[图 3.24（f）]，少见菱形微晶颗粒。五峰组页岩中的黄铁矿除了以草莓状黄铁矿形态富集外，还以自形黄铁矿形式出现较多[图 3.24（g）～（i）]（刘子驿等，2016）。

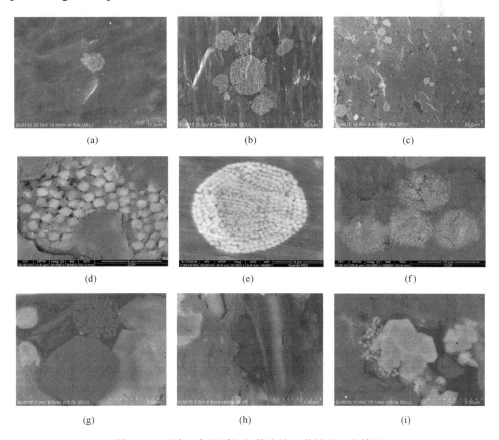

图 3.24 五峰—龙马溪组扫描电镜下黄铁矿形态特征

（a）、（b）和（c）龙马溪组草莓状黄铁矿形态；（d）立方形微晶组成的草莓状黄铁矿；（e）五边形微晶组成的草莓状黄铁矿；（f）近球形微晶组成的草莓状黄铁矿；（g）、（h）和（i）五峰组自形黄铁矿

　　黄铁矿的形成有两种过程：第一种是在原地活性铁浓度较高的情况下，活性铁 Fe^{2+} 与硫化物反应生成四方硫铁矿 Fe_9S_8，四方硫铁矿之后会进一步转化为硫复铁矿 Fe_3S_4，具有磁性的硫复铁矿在磁力的作用下将硫复铁矿颗粒聚集在一起形成草莓状结构，之后硫复铁矿向黄铁矿转变(Brantley et al.，1996)。后期经由成岩作用造成过大生长可形成自形黄铁矿。第二种是在原地活性铁浓度较低的情况下，黄铁矿可以直接从溶液中快速形成并沉淀下来(Howarth，1978；Iii et al.，1982；Giblin and Howarth，1984)。

　　经过大量实验研究表明，草莓状黄铁矿是硫复铁矿转变而来，其硫复铁矿的形成需要 HS^-、Fe^{2+} 和少量的氧(Berner，1967)，或者溶解的多硫化物(Dekkers and Schoonen，1994)，又或者元素硫(Horiuchi et al.，1974)。在沉积水体环境中，这些反应物同时大量出现的位置恰好是氧化—还原界面附近。正常情况下，氧化—还原界面位于沉积水界面以下几厘米的地方(图 3.25)。然而，在闭塞环境下，水体循环受限，底层水氧气更新速率较慢，大量氧在有机质氧化过程中被消耗。因此，氧化—还原界面上升到上覆的水层中(图 3.25)。通过研究发现硫复铁矿的形成的确主要出现在氧化—还原界面附近，要么是在沉积物中(Cutter and Velinsky，1988)，要么在水层中(Muramoto et al.，1991)。因此同沉积草莓状黄铁矿形成的位置也主要位于氧化—还原界面附近。

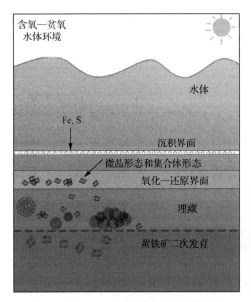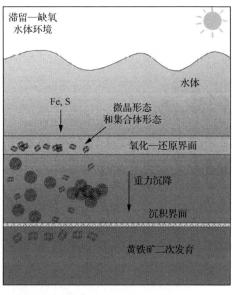

图 3.25　黄铁矿形成的沉积水体模式图(修改自 Wang et al.，2013)

通过扫描电镜（SEM）观察发现，湘鄂西五峰—龙马溪组页岩中的黄铁矿发育良好，大多分布于有机质富集地带[图 3.26(a)和(b)]。部分黄铁矿发育于黏土矿物与有机质共同存在的场所[图 3.26(d)和(e)]，也有些黄铁矿随着有机质发育方向呈条带状分布[图 3.26(c)和(f)]，另有些黄铁矿生长于矿物颗粒与矿物颗粒之间[图 3.26(g)]，还有少部分黄铁矿分布于矿物颗粒内[图 3.26(h)和(i)]。湘鄂西五峰—龙马溪组黄铁矿常发育于有机质页岩中，它的形成与有机质有着密切的关系。有机质富集的地方，黄铁矿发育也就富集。同时黏土矿物对有机质具有很强的吸附能力，因此在富有机质页岩中，黏土矿物与有机质可同时富集，从而黄铁矿也常会发育于黏土矿物和有机质间的孔缝中。当然，黄铁矿晶体的生长需要具有足够的生长空间，所以页岩中孔隙的大小决定了黄铁矿的能进一步生长的潜力。

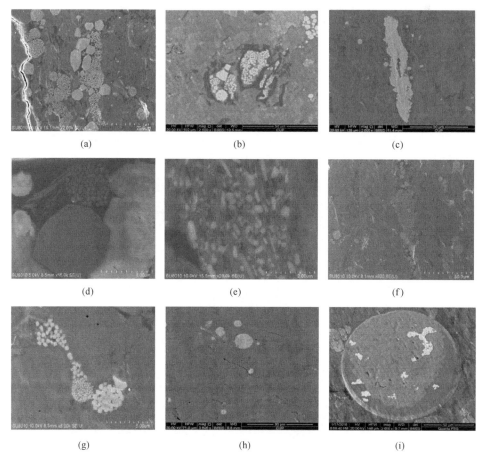

图 3.26　五峰—龙马溪组扫描电镜下黄铁矿分布特征

(a)和(b)分布于有机质富集地带中黄铁矿；(c)和(f)随有机质发育方向呈条带状分布的黄铁矿；(d)和(e)发育于黏土矿物与有机质间的黄铁矿；(g)生长于矿物颗粒与矿物颗粒之间的黄铁矿；(h)和(i)分布于矿物颗粒内的黄铁矿

Brantley 等(1996)研究发现按形成时期的不同,可将页岩中的黄铁矿划分为早期同沉积黄铁矿和晚期成岩黄铁矿两种类型。早期同沉积黄铁矿由于形成于同沉积时期和早成岩阶段,此时泥页岩孔隙空间较大,连通性较好,黄铁矿的形态受孔隙形态和大小控制,多形成不规则的集合体。在扫描电镜下草莓状结构一般被认为是早期黄铁矿特有的结构特征。由于经过沉积埋藏后黄铁矿的再生长会受到限制,因此同沉积草莓状黄铁矿的粒径比较小,大多小于 6μm。晚期成岩型黄铁矿形成于深埋藏阶段,一般形成于缺氧的孔隙水中(Wang et al.,2013),随着原地活性铁的不断消耗以及埋深的增加,孔隙流体对 FeS 变为不饱和而对黄铁矿变为过饱和,造成黄铁矿从水体中直接沉淀(Raiswell,1982),如果孔隙水与外界沟通良好,物质供应较足,黄铁矿优先以形成晶核的发育方式为主,待孔隙又变为封闭状态,孔隙水处于滞留的条件下,或者物质供应不足,黄铁矿主要会优先以二次生长发育的方式为主,而不会形成更多的黄铁矿晶核(Ye et al.,2017)。一般认为成岩黄铁矿的粒径在 4~50μm。

通过 SEM 镜下观察发现湘鄂西五峰—龙马溪组页岩中主要发育 3 种类型的黄铁矿(图 3.27 和图 3.28)。Ⅰ型同沉积草莓状黄铁矿,由粒径(D)比较小的微晶颗粒组成的草莓状黄铁矿($D<6μm$);Ⅱ型早期成岩草莓状黄铁矿,由粒径比较大的微晶颗粒组成的草莓状黄铁矿($D>6μm$);Ⅲ型为晚期成岩作用过程中的自形黄铁矿。

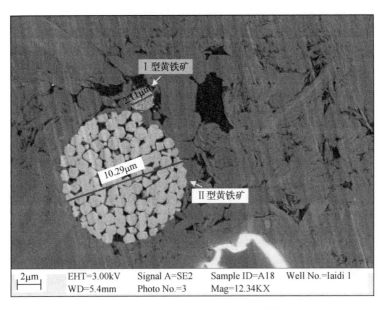

图 3.27 五峰—龙马溪组Ⅰ型、Ⅱ型黄铁矿

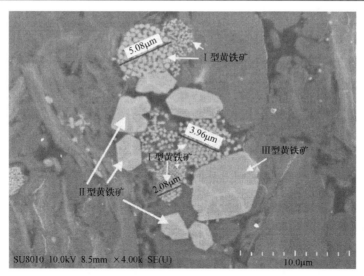

图 3.28 五峰—龙马溪组 I 型、II 型、III 型黄铁矿

I 型同沉积草莓状黄铁矿形成于同沉积到早成岩期阶段，由于细菌对呈席状分布的有机质分解而出现较好的还原条件，最终导致黄铁矿沉积在有机质当中（图 3.29），而电镜下可观察到一些有机质中无黄铁矿或者有机质内只有局部出现自形黄铁矿，此有机质被认为是迁移有机质，迁移有机质在成岩黄铁矿形成期间充填于孔隙中。II 型和III型黄铁矿是成岩黄铁矿，但是 II 型黄铁矿和III型黄铁矿的形成过程有着本质的区别，早期成岩过程中沉积物中孔隙空间相对较大，连通性相对较好，物质供应较足，孔隙中形成的黄铁矿微晶会先以大量生长晶核的方式生长，并最终占满孔隙空间，最终形成 II 型草莓状黄铁矿（图 3.30）；晚期成岩过程中，由于经历了压实、压溶和胶结等作用的影响，页岩孔隙连通性较差，物质供应不足，孔隙中的微晶黄铁矿会先以自生加大的方式生长，并最终成为一团块，成为III型较小的自形黄铁矿（图 3.30）。

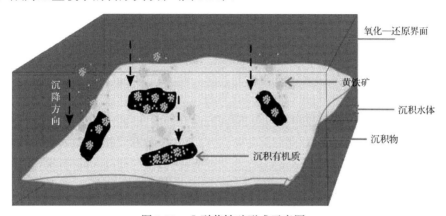

图 3.29 I 型黄铁矿形成示意图

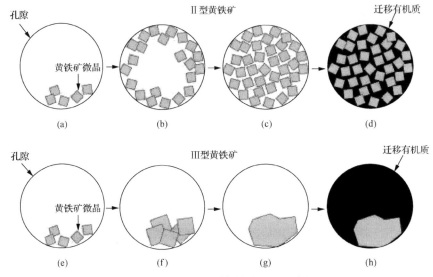

图 3.30　Ⅱ型和Ⅲ型黄铁矿形成示意图

　　由于黄铁矿形成的机制不同,造成同沉积草莓状黄铁矿与成岩草莓状黄铁矿的粒径分布具有很大差异性。草莓状黄铁矿平均粒径与粒径标准差和粒径偏度的关系可以用来分析黄铁矿形成的水体环境。在滞留—缺氧水体环境中是形成同沉积草莓状黄铁矿的必要条件,而对于在含氧—贫氧水体环境中是形成成岩草莓状黄铁矿的必要条件。所以可以通过分析草莓状黄铁矿平均粒径与粒径标准差和粒径偏度的关系来优先判别研究区页岩层中是以沉积草莓状黄铁矿为主还是以成岩草莓状黄铁矿为主(Brantley et al.,1996)。通过建立湘鄂西 YY2 井、YY3 井和 LD1 井三口井页岩层中草莓状黄铁矿平均粒径与粒径标准差和粒径偏度的关系图,可以大致判断页岩层中草莓状黄铁矿以同沉积草莓状黄铁矿的形式出现居多,该研究区五峰—龙马溪组页岩沉积水体主要是一个滞留水体沉积环境(图 3.31)。

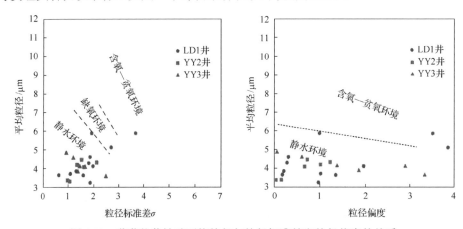

图 3.31　草莓状黄铁矿平均粒径与粒径标准差和粒径偏度的关系

自形黄铁矿有不同的晶体形态,可以通过能谱分析测得自形黄铁矿的 S 和 Fe 的物质的量比来判断黄铁矿的晶形和成因。一般认为黄铁矿 S/Fe 值(S 和 Fe 的物质的量比)在 2.00 左右,根据 Wang 等在 2013 年对不同晶体形态黄铁矿 S/Fe 值所测的结果,即立方体晶体 S/Fe 值为 1.72~2.11,平均为 1.93;五角十二面体晶体 S/Fe 值为 1.68~2.25,平均为 1.97;八面体晶体 S/Fe 值为 1.74~2.05,平均为 1.88;球粒状晶体 S/Fe 值为 2.06~2.25,平均为 2.16;而草莓状黄铁矿 S/Fe 值为 1.89~2.15,平均为 2.01。针对湘鄂西龙马溪组自形黄铁矿进行能谱分析(图 3.32),测得自形黄铁矿的 S 和 Fe 的物质的量比为 1.98~2.10,平均为 2.05。分析可知湘鄂西五峰—龙马溪组页岩中自形黄铁矿 S/Fe 值接近草莓状黄铁矿 S/Fe 值(图 3.33),说明自形黄铁矿极大可能是由草莓状黄铁矿演变而来。

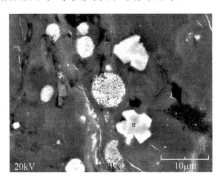

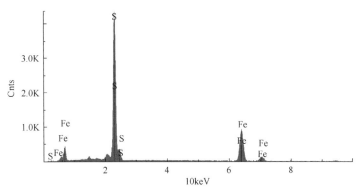

图 3.32 自形黄铁矿能谱分析图

3.2.2 矿物转化

矿物的表生变化涉及矿物转化、成岩作用及风化作用等多个方面。上扬子地区下古生界页岩矿物表生变化特征显示,由于风化淋滤作用,微量元素有不同程度的丢失(图 3.34),V、Cr 和 Ba 等元素的丢失明显,且牛蹄塘组页岩的迁移量明显高于龙马溪组页岩,而长石、方解石和黄铁矿等矿物的分解导致 Na、Ca、Mg 和 Fe 等主微量元素遭受淋失(图 3.35)。

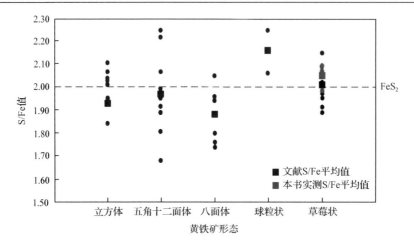

图 3.33　不同形态黄铁矿的 S/Fe 值（Wang et al.，2013）

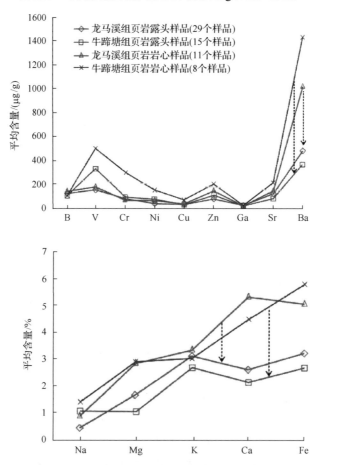

图 3.34　下古生界黑色页岩主微量元素表生变化特征

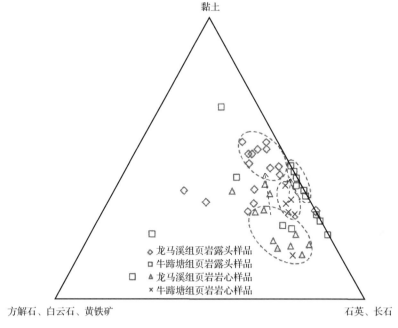

图 3.35 下古生界黑色页岩矿物表生变化组成

离子抛光加扫描电镜图像也显示牛蹄塘组和龙马溪组页岩的岩心和露头样品矿物表生变化的差异(图 3.36),如经过风化淋滤后的露头页岩样品中有机质孔隙明显较岩心样品发育。

自生黏土矿物在不同的成岩阶段具有明显的特征,可依据自生黏土矿物的转化演变来划分成岩阶段。早成岩阶段黏土矿物以蒙脱石、高岭石大量析出为特征,本阶段末期出现 I/S 混层,此时 I<20%;晚成岩 A 阶段蒙脱石已经消失,I/S 中 I<65%,随着埋深不断加大,I/S 中 I<85%(针状、毛发状),C/S 出现(绒球状、花瓣状),至晚成岩 B 阶段,I/S 中 I>85%;埋深继续加大,高岭石消失,I/S 中 I>85%,C/S 出现(片状),混层消失,自生矿物仅为分散的伊利石和绿泥石,标志着已进入晚成岩 C 阶段(伊利石 I;蒙脱石 S;绿泥石 C)。可见,系统确定目标页岩层系的自生黏土矿物种类及其含量,能够有效地为成岩阶段的划分提供依据。

以下志留统龙马溪组页岩为例,黏土矿物主要为伊利石和伊蒙混层,以及少量的绿泥石。伊利石含量在 41%~81%,平均为 54.7%;伊蒙混层矿物在 17%~87%,平均为 31.6%。伊蒙混层矿物中蒙脱石平均占到 12.8%。有机质成熟度在 1.60~3.09,平均为 2.55,属于高成熟—过成熟。从黏土矿物成分和有机质成熟度来看,页岩已到晚成岩 C 阶段。

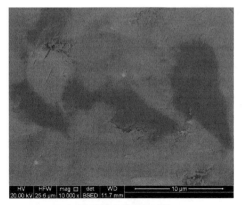
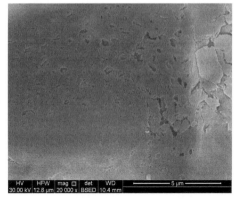

仁页1井牛蹄塘组页岩　　　　　　　　　中南村剖面牛蹄塘组页岩

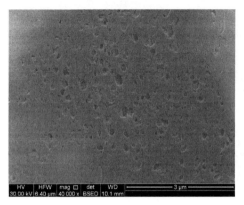
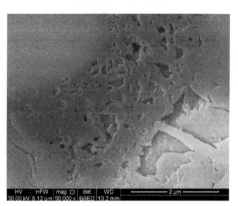

习页1井龙马溪组页岩　　　　　　　　　骑龙村剖面龙马溪组页岩

图 3.36　下古生界页岩矿物表生变化

Wedepohl(1995)估计上地壳的矿物构成(体积分数)大约是 21%的石英、41%的斜长石和 21%的钾长石。在上地壳遭受化学风化过程中，长石是最重要的母源矿物，Na、K 和 Ca 等碱金属元素以离子形式随地表流体大量流失，同时形成黏土矿物(如蒙脱石、伊利石和高岭石等)。这个过程中，风化产物主成分 Al_2O_3 的摩尔分数将随化学风化的强度而变化。不稳定的元素氧化物(Na_2O、CaO、MgO 和 K_2O)和相对稳定的元素氧化物(Al_2O_3、ZrO_2 和 TiO_2)可用来作为预测风化强度的指标。据此，Nesbitt 和 Young(1982)在对加拿大元古代 Huronian 碎屑岩研究时提出将 CIA 值作为一个反映源区风化程度的指标。化学蚀变作用指标：CIA=[Al_2O_3/($Al_2O_3+CaO+Na_2O+K_2O$)×100]，高值代表受到的风化作用强烈。但是，如果样品中含有碳酸盐岩(方解石、白云石等)，CaO 含量变化较大，用化学蚀变作用指标判断风化强度就会出现误差。因此，在利用这些指标之前必须去掉碳酸盐岩中的 CaO 含量。CIA 值反映了风化样品中长石蚀变成黏土的程度。

选择层位和岩性基本相同的井下样品和露头样品，以渝页 1 井新鲜的未经风化样品的风化指数为标准值，计算露头样品的风化指数和流失量，从而恢复露头样品原始的矿物组成。渝页 1 井样品 CIA 值为 48.6～67.3，平均为 57.4。露头样品 CIA 平均值为 65.9，流失的 CIA 值平均为 14.25。有些样品流失的 CIA 值高达 34，说明其露出地表后受风化程度比较严重，而有些样品流失的 CIA 值较小(接近零)，说明露头样品风化的程度不尽相同，但总体来说，流失的 CIA 值变化较小，可能的原因为黑色页岩本身就是前期岩石风化—搬运—沉积—成岩作用的产物，辉石、角闪石和斜长石等易风化矿物在成岩之前就已经被大量分解，石英、钾长石和黏土矿物等抗风化较强的矿物得以保留，因此黑色页岩风化过程中的矿物、化学成分变化不大，化学风化程度不高。与此同时，CIA 值反映了长石蚀变为黏土矿物的程度，但并不能反映黄铁矿等成分的变化，而且黑色页岩中的极少量元素 Ca、Na 多存在于难风化的矿物中或被黏土矿物等强烈吸附，在风化过程中不易淋失，而主要赋存于铝硅酸盐矿物(主要是钾长石和伊利石)中的 K、Al 随着铝硅酸盐矿物的分解而发生迁移。

　　黄铁矿晶体特征受结晶习性和介质的影响，因为立方体晶体具有最低的表面能，所以最初黄铁矿晶体是简单的立方体晶体，之后随着过饱和度的提升，晶体形态就会经历从最初的立方体演变为五角十二面体，之后再演变为八面体，最终演变为近球体的过程(Wang et al.，2013)。根据对比抛光后镜下黄铁矿晶体截面形态及黄铁矿自形晶可能被切割出的不同截面(图 3.37)，判断出湘鄂西五峰—龙马溪组页岩中组成草莓状黄铁矿的微晶主要为八面体微晶，立方体微晶少见(Krajewski，2013)。在湘鄂西五峰—龙马溪组岩心中未见由近球体微晶组成的草莓状黄铁矿，而在出露页岩层中多见由近球体微晶组成的草莓状黄铁矿，再根据 Barnard 和 Russo(2009)对不同晶体形态黄铁矿能量的排序，说明近球体是页岩出露地表经由后期风化形成的最终产物，而八面体应该是地下页岩层中最有利的形态。

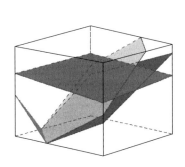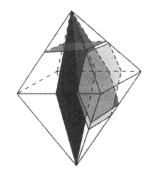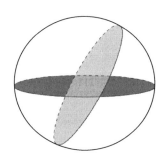

图 3.37　黄铁矿自形晶存在的不同截面示意图

3.3　矿物在页岩气地质研究中的意义

页岩储层矿物成分中的脆性矿物，如石英、长石和方解石等，是控制页岩裂缝发育程度的主要内在因素。具备商业开发条件的页岩，石英等脆性矿物含量一般高于 40%，黏土矿物含量小于 30%（Barnard and Russo，2009）。尽管有研究认为碳酸盐矿物和硅酸盐矿物有减弱页岩层吸附甲烷的能力，也会降低页岩的孔隙度而使游离态页岩气的储存空间减少，但石英和方解石含量的增加，可使储层脆性提高，易形成天然裂缝和诱导裂隙，有利于页岩气的解吸和渗流，并增加游离态页岩气储存空间。

与石英和方解石相比，黏土矿物具有较多的微孔隙和较大的比表面积，对气体有较强的吸附能力，特别是在有机碳含量较低的页岩中伊利石的吸附作用十分显著（Lu et al.，2015）。但在水饱和情况下，黏土矿物对气体的吸附能力降低，且石英和碳酸盐矿物含量的增加将降低页岩的孔隙，使游离气的储集空间减少。特别是方解石在埋藏过程中的胶结作用，将进一步减少孔隙。因此，矿物对页岩气储层的影响不能一概而论，须在黏土矿物、水分、石英和碳酸盐岩含量之间寻找一种平衡。

草莓状黄铁矿的粒径（D）大小分布能够很好地指示沉积时古底水的氧化还原条件。草莓状黄铁矿粒径很小（平均 3～5μm）且粒径分布较窄时指示的是滞留缺氧环境；平均直径 4～6μm 且有少量大粒径黄铁矿存在时指示缺氧环境；平均直径6～10μm 并出现一些黄铁矿晶体指示贫氧环境。当草莓状黄铁矿几乎消失，主要以黄铁矿晶体存在时为含氧环境（Brantley et al.，1996）。

页岩中黄铁矿不仅能反映页岩的沉积环境和有机质保存状况，还能对页岩含气性起到一定的指示作用。对上扬子地区五峰—龙马溪组黑色页岩中的不同成因黄铁矿研究发现，沉积含氧环境下基本不形成黄铁矿；滞留环境可以出现Ⅰ型、Ⅱ型、Ⅲ型黄铁矿（分类见本章 3.2.1 节），且以Ⅰ型黄铁矿为主，Ⅲ型黄铁矿次之，Ⅱ型黄铁矿少见；缺氧环境下存在Ⅰ型、Ⅱ型、Ⅲ型黄铁矿，与含氧—贫氧环境重合区发育Ⅱ型和Ⅲ型黄铁矿；含氧—贫氧环境形成Ⅱ型和Ⅲ型黄铁矿，且以Ⅱ型黄铁矿为主。在解吸气量方面，通过分析 LD1 井、YY2 井和 YY3 井岩心测得的数据可知该研究区滞留环境下解吸含气量高，缺氧环境较高，含氧—贫氧环境次之，而含氧环境含气量不好（图 3.38）。

此外，黑色页岩中微晶黄铁矿直径（d）的大小能用来确定成岩时期氧化还原环境的强弱，还原性越强越有利于 Fe^{2+} 的形成即越有利于黄铁矿微晶小颗粒的生长。利用 D/d 值来确定沉积期到成岩期水体还原性的整体情况；D/d 值越大，说明从沉积期到成岩期有机质的保存条件不好，还原性不够理想；D/d 值越小，说明从沉积期到成岩期有机质的保存条件良好，水体环境一直属于一个良好的还原环境。

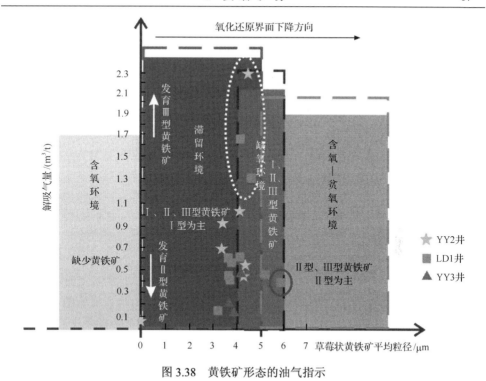

图 3.38　黄铁矿形态的油气指示

因此，页岩中的矿物组成不仅能反映页岩的沉积环境及成熟度等信息，还与页岩的吸附能力及压裂改造效果息息相关。此外，页岩中不同成因矿物的形成机制与有机质的保存及生烃过程密不可分，对页岩气形成与富集机理的研究具有重要指示意义。

4 页岩储集物性

页岩作为一种低孔低渗且十分致密的岩石，长久以来在石油天然气勘探中通常只将其视为生成油气的源岩。然而，页岩气的成功开采表明页岩特别是富有机质页岩也可以成为有效的油气储层。尽管如此，作为与常规储层最为重要的区别，其低孔低渗的特性直接影响了页岩气的储集与渗流。页岩中的纳米级微孔隙是页岩气主要的聚集空间，除了以吸附状态赋存于矿物颗粒和有机质表面外，大部分页岩气以游离状态赋存于微孔隙中(Curtis，2002)，因此孔隙结构、大小直接控制和影响了页岩储气能力。而页岩中的原始裂缝或水力压裂后形成的次生裂缝，作为页岩气渗流的高速通道，对页岩气的开采影响则更为重要(Curtis，2002；Montgomery et al.，2005；Bowker，2007)。正因为如此，对页岩微孔隙、裂缝及储集物性的综合研究一直是页岩气勘探开发中的重点问题。作为海相页岩的代表，上扬子地区下古生界页岩储集物性十分典型。其孔隙类型多、孔隙结构复杂、物性条件变化大、控制因素多，是一个受沉积、成岩、生烃作用及后期构造改造综合控制的系统，具有十分重要的科学研究价值，其研究成果对我国南方海相页岩气储集物性的认识有较为深远的影响(于炳松，2012，2013；韩双彪等，2013b；武景淑等，2013)。

4.1 储集空间类型

页岩主要发育孔隙和裂缝两种储集空间类型，由于沉积特征差异，以及成岩作用和构造条件的影响，孔隙和裂缝常可进一步划分出次一级孔缝类型。

4.1.1 孔隙类型与成因

近些年，多位学者针对页岩储层，从页岩孔隙自成因(如溶蚀孔)、发育位置(如粒间孔)、发育组分(如有机孔)等角度对页岩孔隙提出了不同分类方案(Schieber，2010；Slatt and O'brien，2011；Loucks et al.，2012；于炳松，2013；陈尚斌等，2013；Shi et al.，2015)。Loucks 等(2012)对北美不同层系页岩的孔隙进行了系统的研究，提出了页岩孔隙的三端元分类(图 4.1)。在该分类中，Loucks 等根据孔隙的发育特征及成因，将其分为有机质孔隙、粒间孔隙和粒内孔隙。由于该分类方案简单且论证充分，因而得到了研究人员最为广泛的应用。

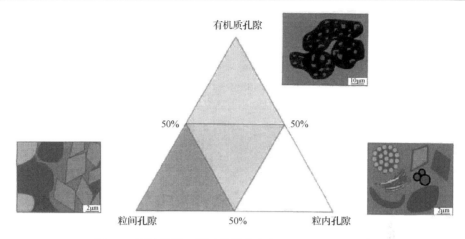

图 4.1 页岩孔隙三端元分类方案(Loucks et al., 2012)

1. 有机质孔隙

目前,页岩中的有机质孔隙作为常规砂岩储层未发现的一种孔隙,已成为页岩储集物性评价中的一个主要研究对象。研究初期,有机质孔隙的形成被推断与烃类的生成有关(Curtis,2002;Loucks et al.,2009)。在随后的研究中,越来越多的研究者发现有机质孔隙的发育程度受有机质成熟度和有机质类型的控制,从而进一步地证明了这一推论。Curtis 等(2011,2012)在对不同成熟度的 Barnett 页岩的研究中发现,只有在那些镜质体反射率高于 0.9%的页岩样品的有机质中才发育有孔隙,而相似的现象也在对 Eagle Ford 页岩的研究中被发现(Pommer and Milliken,2015)。Chen 和 Xiao(2014)通过热模拟对比具有不同有机质类型的页岩随成熟度增高孔隙结构的变化,发现在过成熟度(R_o<3.0%)之前,所有样品的孔隙体积都随成熟度的升高而增大,他们把这个现象主要归结于有机质孔隙的形成。由于电镜下分辨有机质的类型至今仍然是一个难点(Milliken et al.,2014),因此,与成熟度相比,有机质类型对有机质孔隙的控制作用仍然不够明确。然而,几乎所有的研究都发现,即使同一个样品中的两块有机质颗粒,其中孔隙多少、大小可能都具有非常大的差异(图 4.2)。那些形状规则明显呈块状的有机质很可能为母质来源的有机质颗粒,与那些无定型的有机质颗粒相比,往往更不容易发现有机质孔隙(Loucks et al.,2009,2012;Schieber,2010;Curtis et al.,2012;Pommer and Milliken,2015),这表明类型好的、生烃能力强的有机质可能更容易发育有机质孔隙(Loucks et al.,2012)。

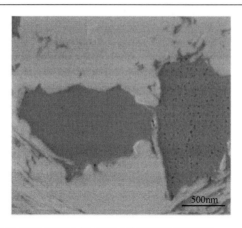

图 4.2　相邻两块有机质颗粒具有不同的孔隙发育特征(Curtis et al., 2012)

2. 粒间孔隙

页岩粒间孔隙同常规砂岩相似，是由矿物、有机质颗粒堆积形成的。在浅埋藏的页岩沉积物中，颗粒之间的粒间孔隙较为发育，并且各孔隙之间往往相互连通。随着埋深、上覆压力的增加，塑性的物质如有机质、黏土等在压实作用下变形，充填在刚性矿物颗粒之间，使大量的粒间孔隙被破坏。此外，粒间孔隙也受胶结作用的影响。一些自生石英、方解石或长石等矿物围绕着刚性矿物颗粒的边缘生长，也造成了粒间孔隙的减小。Chen 等(2016)在对我国南方下寒武统过成熟(R_o>3.0%)黑色页岩的研究过程中发现，页岩中的粒间孔隙破坏严重，微米级粒间孔隙基本不存在，并且很多颗粒之间被黏土矿物特别是绿泥石所充填。

在自生黄铁矿集合体中，晶体颗粒之间也可能会形成粒间孔隙。然而，黄铁矿特别是形成于还原条件下的草莓状黄铁矿通常与有机质共生，电镜下观察到大部分晶间孔隙往往为有机质所充填。因此，与黄铁矿有关的孔隙其实大多为有机质孔隙。

3. 粒内孔隙

粒内孔隙是指在颗粒之中所发现的孔隙，一部分粒内孔隙是原生的，另一部分形成于成岩过程中。大多数粒内孔隙的存在与黏土矿物、碳酸盐矿物或长石的溶解有关，而另外一部分则来源于化石或矿物晶体特殊的内部结构。

与粒间孔隙相似，大部分粒内孔隙的发育程度明显受到埋深—压力作用的控制。Kuila 和 Prasad(2013)的实验表明，黏土中 100nm 以上的孔隙随压力的增加逐渐减少。尽管黏土矿物是塑性的，但其特殊的片状结构决定了在黏土颗粒内部的片状晶体可以相互支撑形成"纸房结构"(Slatt and O'brien，2011)来保证孔隙的保存。受片状晶体结构的控制，黏土矿物之中的粒内孔隙常呈现为长条形、三角形或楔形，其形状可能与周围刚性颗粒的分布，以及黏土矿物走向和层理方向有关。

有机质生烃过程中释放的有机酸可溶解碳酸盐矿物，形成另一种重要的粒内孔隙(Schieber，2010)。此类孔隙大多数围绕矿物颗粒边缘分布，其至将整个颗粒孤立，部分流体侵入颗粒内部，形成铸模孔(Klaver et al.，2012，2015)。

在上扬子地区下古生界页岩电镜照片中的有机质中，普遍发现了大量密集分布的孔隙(图4.3)，这很可能来源于其较高的成熟度和易生油的原始干酪根类型或较多的次生沥青(Loucks et al.，2009；Alstadt et al.，2012；Curtis et al.，2012)。此外，这些有机质孔隙的直径通常在100nm以下，数量大、比表面积高，不仅可为富有机质页岩提供较强的气体吸附能力，对于缺少粒间孔隙、粒内孔隙的下古生界高演化页岩而言，也可极大地提高页岩的储集空间，对于扩展游离气的另一个主要的储集空间具有重要意义。

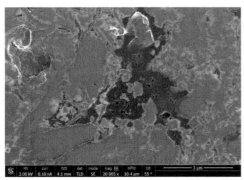

彭水鹿角龙马溪组

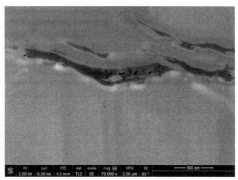

渝页1井龙马溪组

渝科1井牛蹄塘组

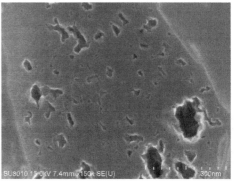

渝科1井牛蹄塘组

图 4.3　下古生界黑色页岩微孔隙发育特征

4.1.2 裂缝类型与成因

裂缝分类方法多种多样,根据不同的分类性质,可以从裂缝尺度、产状、成因、破裂性质和几何形态等方面进行。按尺度分类:巨裂缝(宽度大于 100mm)、大裂缝(宽度介于 100～5mm)、中裂缝(宽度介于 5～1mm)、小裂缝(宽度介于 1～0.1mm)和微裂缝(宽度小于 0.1mm)。按形态分类:开启裂缝、充填裂缝、闭合裂缝、网状裂缝和树枝状裂缝。按产状分类:垂直裂缝、水平裂缝、高角度裂缝和低角度裂缝。按力学性质分类:张裂缝、剪裂缝、张剪裂缝和压剪裂缝(刘建中等,2008)。按地质成因分类:龙鹏宇等(2011)根据裂缝成因将页岩裂缝划分为 5 种裂缝,即构造缝(张性缝和剪性缝)、层间页理缝、层面滑移缝、成岩收缩微裂缝和有机质演化异常压力缝;丁文龙等(2011)将页岩裂缝划分为非构造裂缝和构造裂缝两种大的成因类型和 12 个亚类,并总结了各类裂缝的成因。

泥页岩裂缝分类除了借鉴以上分类方案外,还应该注意到泥页岩的特殊性质,即:①韵律性、层理和页理发育;②含有丰富有机质的泥页岩在一定条件下具有生烃作用,阶段性发育生烃高压裂缝;③厚层泥页岩在快速埋藏阶段常常形成异常孔隙流体压力,导致异常高压裂缝的发育。

上扬子地区下古生界两套黑色页岩天然裂缝较为发育。野外实测剖面考察中发现了大量的天然张开缝、风化的页岩破碎带、X 剪节理和方解石脉充填的早期挤压缝,在钻井岩心中也发现了十分发育的高角度微裂缝(图 4.4)。电子显微特征显示,页岩中含有一定数量的微裂缝,其发育程度与脆性矿物的多少和分布有关,长度则通常在 1μm 以上(图 4.5)。虽然,对观察到的天然裂缝能否在地下仍然保持张开还存在一定的疑问,然而这些不同尺度的裂缝指示该区页岩易于发生脆性破裂,这对页岩的水力压裂改造具有实际指导意义。

岑巩牛蹄塘组露头裂缝　　　　　　　　　华蓥龙马溪组裂缝1

江口牛蹄塘组露头裂缝　　　　　　　　　渝页1井龙马溪组裂缝1

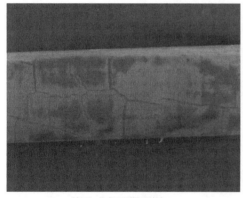
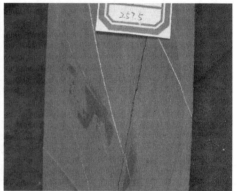

渝页1井龙马溪组裂缝2　　　　　　　　　渝页1井龙马溪组裂缝3

图 4.4　下古生界页岩地表露头和井下岩心裂缝发育特征

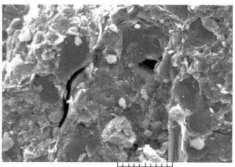

石柱马武牛蹄塘组　　　　　　　　　　　彭水连湖龙马溪组

图 4.5　下古生界黑色页岩微裂缝发育特征

　　页岩中的孔隙与裂缝关系是密不可分的，一些孔隙可以展现出狭缝状的形态，并且不同大小的孔隙相互连通、叠置可形成裂缝，与此同时，裂缝的形成有时也可进一步诱导孔隙的产生(图4.6)。这种孔隙与裂缝之间的紧密联系表明孔隙裂缝之间成因具有一定的相似性,孔隙与裂缝之间相互叠置也保证了页岩孔隙系统的连通性,有利于页岩气的运移。

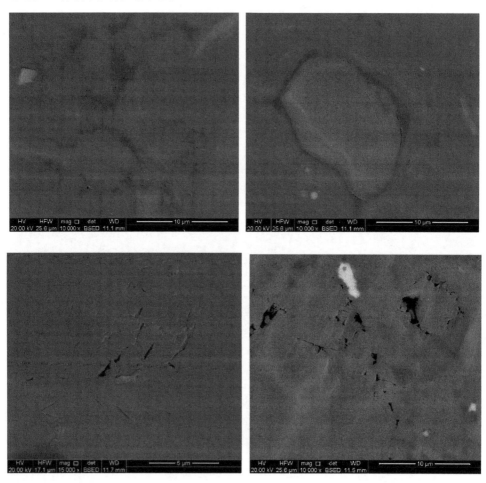

图4.6　习页1井龙马溪组、仁页1井牛蹄塘组页岩孔隙与裂缝

4.2　储集空间表征

4.2.1　孔隙特征

1. 牛蹄塘组

通过扫描电镜观察发现,牛蹄塘组页岩孔隙结构十分致密,以石英、长石等矿物为主的刚性矿物在压实作用下形成骨架,而其中则充填有机质及黏土等塑性

物质。在压实作用下，这些塑性矿物形状变化较大且整体平行于层理方向呈定向性排列。高压实作用下塑性矿物与骨架矿物紧密相依，造成了通常较大的碎屑矿物之间的粒间孔隙的减少(图 4.7)。

图 4.7　渝科 1 井牛蹄塘组页岩孔隙结构与孔隙发育特征

　　扫描电镜观察到的石英颗粒粒间孔隙通常具有较好的抗压能力，它们或者在粗糙的颗粒边缘下或者在棱角的支撑下得以保存(图 4.8)。此外，易于黄铁矿形成的还原性水体条件同样有利于有机质的保存，因此，牛蹄塘组的沉积黄铁矿集合体通常与有机质相伴生。草莓状黄铁矿的晶间孔隙大多为无定形有机质所充填，在黄铁矿晶间的有机质的孔隙较为发育，然而，只有很少一部分黄铁矿晶体直接堆积形成的集合体中，才有晶间孔隙的出现(图 4.8)，这可能与当时营养物质的供给及沉积速率有关。

渝科1井，79m，石英粒间孔隙

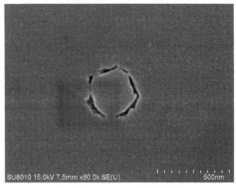

渝科1井，79m，石英粒间孔隙

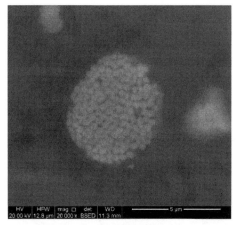
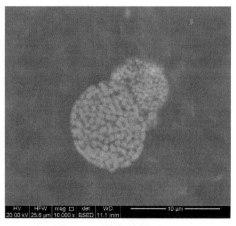

仁页1井，1335m，黄铁矿晶间孔隙为有机质充填　　　常页1井，794m，黄铁矿晶间孔隙为有机质充填

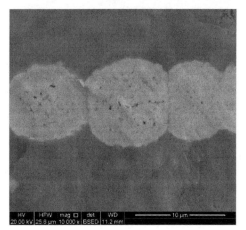
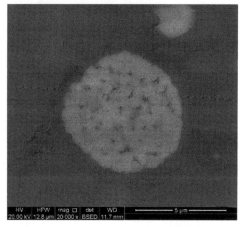

常页1井，882m，黄铁矿晶间孔隙未被充填　　　　仁页1井，1304m，黄铁矿中有机质孔隙发育

图 4.8　牛蹄塘组页岩刚性矿物粒间孔隙及黄铁矿晶间孔隙发育特征

　　与刚性矿物相比，黏土虽然在压力作用下被挤压变形严重，但仍然保留了相当一部分的孔隙(图 4.9)。由于片状黏土平行堆积，其间的粒间孔隙往往呈现为狭缝状，当相邻片状黏土方向差异较大时，则相互叠置支撑形成三角形或多边形孔隙，相似形状的粒间孔隙发育在片状黏土与其他颗粒相互支撑的部位。这种黏土矿物特定的片状晶型，以及排列方式和支撑形式，可能是黏土矿物中粒间孔隙、粒内孔隙在高压实作用下得以保存的主要原因。研究发现，在黏土矿物中还发育有通常只有几纳米的晶间孔隙，是其高比表面积的主要贡献(Kuila and Prasad, 2013)，但通常无法用电子显微镜直接观察。碳酸盐矿物之中的溶蚀孔隙也是牛蹄塘组页岩中一种重要的孔隙类型，这些孔隙形状并不固定，并且往往具有光滑的边缘。牛蹄塘组页岩中的溶蚀孔隙与在其他海相页岩中发现的溶蚀孔隙(Schieber,

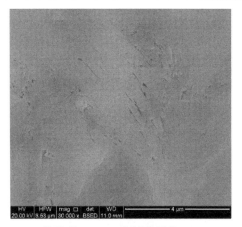

常页1井，903m，黏土层间孔隙

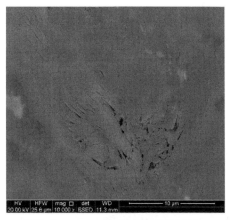

仁页1井，1335m，狭缝状层间孔隙及多边
形状粒间孔隙

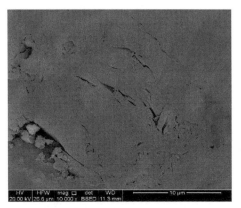

仁页1井，1335m，片状黏土之间相互叠置形成
的形状不一的的粒间孔隙、粒内孔隙

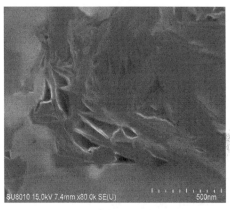

渝科1井，79m，片状黏土相互支撑形成粒内孔隙

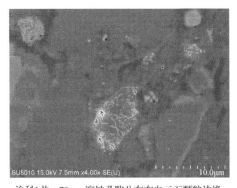

渝科1井，79m，溶蚀孔隙分布在白云石颗粒边缘

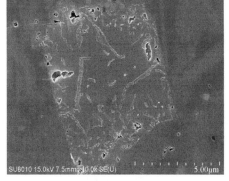

渝科1井，79m，零散溶蚀孔分布在白云石颗
粒边缘，具有被改造的痕迹

图4.9　牛蹄塘组页岩黏土矿物粒间孔隙、粒内孔隙及碳酸盐矿物溶蚀孔隙发育特征

2010)并不完全相同,它们虽然仍然围绕矿物颗粒边缘分布,但并没有形成相互连通且将碳酸盐矿物颗粒与周围基质隔离开的狭缝状,而往往是相互独立的(图 4.9)。据推测,这可能与牛蹄塘组页岩长时间演化下所伴生的溶蚀孔隙重新胶结或被压实破坏有关。

　　与无机矿物相比,牛蹄塘组页岩有机质中发育有更丰富的孔隙(图 4.10)。单独一个有机质颗粒中,可能发育有成百上千个孔隙,这些孔隙直径往往在 100nm以下。然而,牛蹄塘组页岩有机质孔隙的发育也具有很大的变化,即使是在有机质孔隙较为发育的样品中,仍然可以发现具有较少甚至完全不发育孔隙的有机质存在。基于牛蹄塘组页岩已达过成熟热演化阶段,因此,不发育孔隙有机质很可能与有机质本身的性质即有机质的类型有关(Loucks et al.,2009;Curtis et al.,2012),这个发现凸显了有机质类型在高过成熟页岩中对有机质孔隙发育的重要性。然而,有机质类型可能并不是部分有机质孔隙不发育的唯一原因。虽然并不常见,但在一些样品中能够发现椭圆—长条状有机质孔隙的定向排列,并且其方向性与有机质颗粒的延展方向一致。这表明,有机质孔隙很可能在压力作用下遭受了一定程度上的变形甚至破坏。值得指出的是,通常情况下露头样品较岩心样品有机质孔隙更为发育,孔隙形状更不规则,孔隙网络更为复杂,孔隙连通性更好(图 4.10)。这个现象可能有两个原因:一方面,可能来源于在出露地表后有机质经历了风化作用改造所造成;另一方面,可能与抬升过程中有机质孔隙受压实破坏作用较小有关,具体原因有待进一步考究。

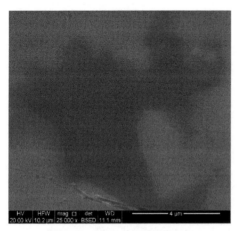 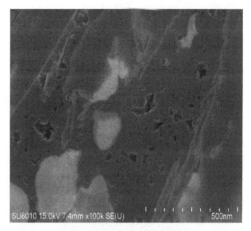

　　　　常页1井,579m,有机质孔隙发育　　　　　　　　　渝科1井,79m,有机质孔隙发育

常页1井，1258m，有机质孔隙定向排列，与有
机质长轴方向平行

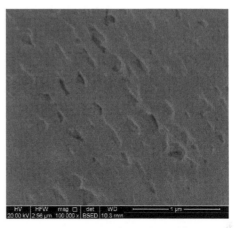

常页1井，1258m，有机质孔隙定向排列

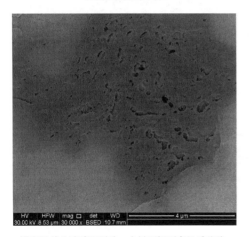

遵义松林牛蹄塘组露头，大量不规则有机质孔隙

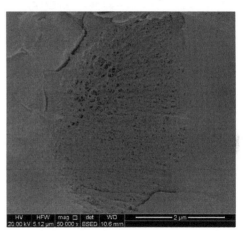

永顺普戎牛蹄塘组露头，大量连通有机质孔隙

图 4.10　牛蹄塘组露头页岩样品有机质孔隙发育特征

2. 龙马溪组

与牛蹄塘组页岩类似，电子显微镜下龙马溪组页岩孔隙结构致密，大量的有机质顺层分布，造成了龙马溪组页岩水平层理较为发育(图 4.11)。从孔隙类型来看，龙马溪组具有典型的海相页岩孔隙特征，有机质孔隙较为常见。与牛蹄塘组相比，其有机质孔隙更大，并且形状更规则，以圆形—椭圆形为主(图 4.12)。纵向上，由顶部到底部，有机质孔隙发育规模逐渐增大，可能与龙马溪组底部页岩TOC 较高有关。此外，龙马溪组页岩中的无机质孔隙相对牛蹄塘组也更为发育，颗粒之间的孔隙更为完整、连续，在软硬颗粒接触处，诸如石英与黏土矿物之间，

以及石英与分散状有机质之间，微裂缝也更为常见。片状黏土矿物层间孔隙更为发育，而溶蚀孔隙较少，通常见于颗粒内部。

图 4.11　道页 1 井龙马溪组页岩显微结构

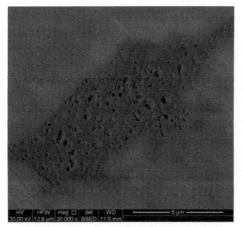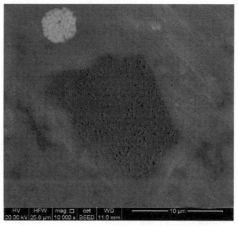

习页1井，641m，有机质孔隙以圆形—椭圆形为主　　　习页1井，645m，有机质孔隙以圆形—椭圆形为主

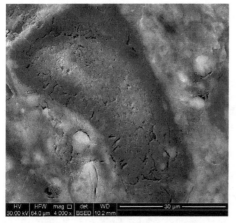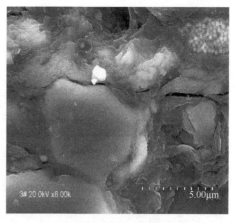

习页1井，635m，较为完整的粒间孔隙　　　　　　道页1井，588.5m，黏土粒间孔隙

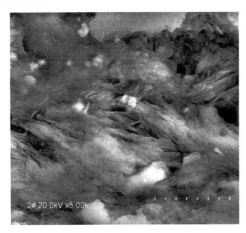

道页1井，586.70m，黏土层间微孔隙　　　　　习页1井，641m，溶蚀孔隙多发育于颗粒内部

图 4.12　龙马溪组页岩微孔隙发育特征

　　龙马溪组与牛蹄塘组页岩孔隙之间的差异可能是二者之间有机质丰度、类型，以及所遭受的压实程度综合作用的结果。首先，龙马溪组页岩的有机质类型更倾向于Ⅱ型，更容易发育有机质孔隙，并且在生烃过程中生成的沥青等组分更少，减少了无机孔隙被堵塞的概率。其次，牛蹄塘组的有机质丰度总体更高，TOC 通常高于 3.0%，最高可达 10%以上，而龙马溪组页岩 TOC 则大多小于 6.0%，低 TOC 页岩比高 TOC 页岩本身强度更高，同时，在龙马溪组所受的相对较弱的压实作用下，其孔隙更容易在压力下保存(Milliken，2013)。

4.2.2　裂缝特征

　　不同的裂缝形成机制对于页岩裂缝所呈现出不同的大小、角度及结构具有重要的影响作用。大体上，根据裂缝形成是否受构造作用控制可将其分为构造裂缝和非构造裂缝(图 4.13)。构造裂缝主要包括高角度剪切裂缝、张剪性裂缝和低角度滑脱裂缝等，通常与页岩的原始沉积结构关系不大，属于韧性剪切破裂。而非构造裂缝更为常见，并且其成因更加复杂，很可能是由成岩、干裂、超压、风化、矿物相变、重结晶及压溶作用综合作用下的结果，往往显示出受收缩、缝合、压实和风化等多种作用改造的痕迹，因此，对其准确的类型判断仍然具有很大困难。上扬子地区的下古生界页岩中，无论是构造裂缝还是非构造裂缝，很大程度上都被不同种类的次生矿物所充填，包括少量的泥质薄层、顺层分布的黄铁矿集合体，以及中—高角度的方解石和石英脉(图 4.14)，这些现象都显示出成岩作用对页岩微裂缝的改造是具有重要意义的。

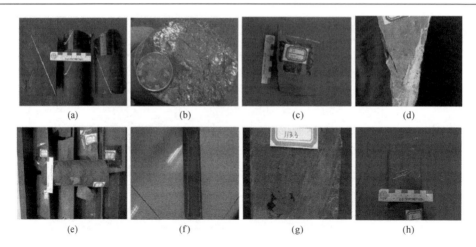

图 4.13　上扬子地区下古生界页岩微裂缝组发育特征

(a)松科 1 井高角度剪切裂缝；(b)渝科 1 井低角度滑脱裂缝；(c)松科 1 井层间裂缝；(d)渝页 1 井溶蚀裂缝；(e)渝页 1 井成岩收缩裂缝；(f)渝页 1 井张性垂直裂缝；(g)渝页 1 井异常压力裂缝；(h)渝页 1 井局部应力裂缝组系

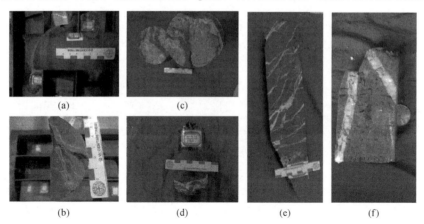

图 4.14　上扬子地区下古生界页岩微裂缝组充填特征

(a)和(b)泥质充填；(c)和(d)黄铁矿方解石充填；(e)方解石充填；(f)硅质充填

1. 牛蹄塘组

渝科 1 井牛蹄塘组页岩整体裂缝十分发育(图 4.15)，长度为 56.5m 的页岩岩心共描述发现裂缝 3738 条。裂缝长度最大值 30cm，平均长度 6.37cm，平均倾角 41.81°，最大单位岩心裂缝孔隙度达 23.81%。裂缝充填物主要为方解石，其次为黄铁矿充填或方解石黄铁矿同时充填。

裂缝非常发育的区域位于顶部及中部的含黄铁矿碳质页岩中。而底部 30m 富有机质碳质页岩裂缝最为发育，特别是在与上部粉砂质页岩接触区域，测量裂缝长度最大值 30cm，倾角均值为 52.96°，达到全井段最高值，可见大量的方解石充填缝(图 4.15)。

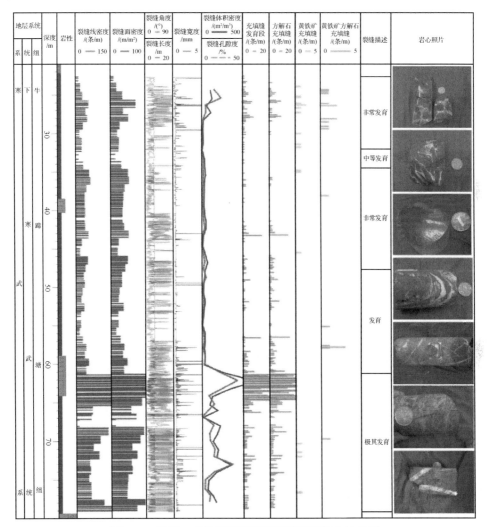

图 4.15　渝科 1 井牛蹄塘组页岩裂缝特征综合柱状图

对裂缝的统计结果显示，渝科 1 井牛蹄塘组和南沱组二段页岩长度变化率分布大体一致，以短缝(小于 6.6cm)为主导，分别达总数的 68.94%、68.49%。松科 1 井目的层观测裂缝以短缝占绝对优势，超过总数的 80%(图 4.16)。松科 1 井岩心裂缝宽度频率在 0.2～1mm 范围，裂缝达总数的 80.06%，同样在此范围内，渝科 1 井牛蹄塘组与南沱组二段岩心裂缝宽度频率之和分别达总数的 80% 以上(图 4.17)。因此，松科 1 井与渝科 1 井目的层岩心裂缝以长度较小，但开度较大的裂缝为主。

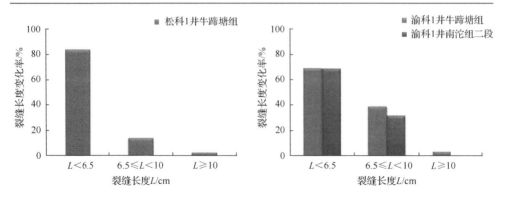

图 4.16　松科 1 井牛蹄塘组、渝科 1 井牛蹄塘组、南沱组二段岩心裂缝长度统计规律

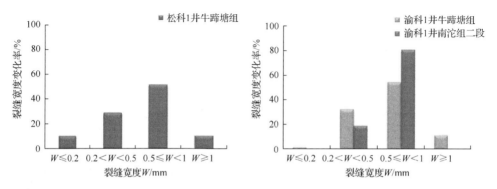

图 4.17　松科 1 井牛蹄塘组、渝科 1 井牛蹄塘组、南沱组二段岩心裂缝宽度统计规律

　　电子计算机断层扫描建立的三维数据模型显示,牛蹄塘组页岩结构非常致密,黄铁矿呈零散状分布,有机质则多为细小的脉状填充,很难观察到微米级的孔隙及裂缝(图 4.18)。

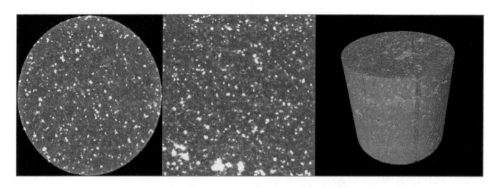

图 4.18　仁页 1 井牛蹄塘组页岩电子计算机断层扫描三维数据模型

2. 龙马溪组

渝页 1 井龙马溪组页岩裂缝最发育位置位于下部 258～288m 部位（图 4.19），全段岩性为黑色泥岩，裂缝长度最大值为 31.5cm，平均值为 5.93cm，平均倾角 53.72°已达到全井段最高位置。裂缝宽度曲线走势的活跃峰值出现频繁，在 281m 处出现全井段裂缝宽度最高值 36mm，受此影响裂缝孔隙度曲线峰值明显突出且持续走高，并达到最高峰值 37.38%。单位岩心内含大量裂缝，其倾角总体陡峭，宽度孔隙度峰值明显、极值突出，裂缝为方解石完全充填且程度密集是将此岩心段划为裂缝极其发育段的原因。有机碳的最大值正处于裂缝最发育位置，而最小值亦对应着裂缝不发育段，TOC 随深度曲线与裂缝面密度随深度曲线走势高度吻合，因此，渝页 1 井页岩裂缝发育程度与有机碳含量呈正相关。

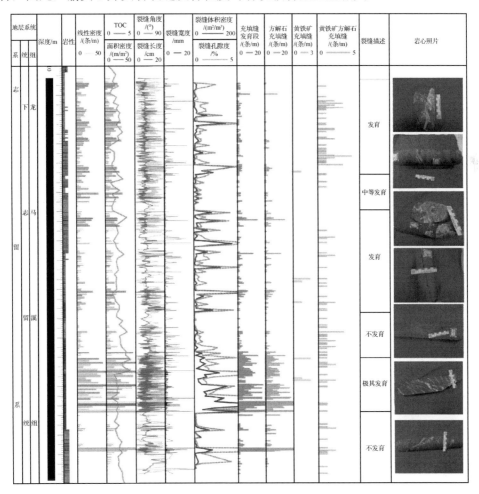

图 4.19　渝页 1 井龙马溪组页岩裂缝特征综合柱状图

渝页 1 井的页岩岩心以中、短缝占优势，裂缝在小于 10cm 的范围内分布已接近总数的 90%（图 4.20）。在渝页 1 井所观察的岩心裂缝中最长的可达 88cm，几乎等同于岩心观察单元（约 100cm）长度。裂缝宽度分布与渝科 1 井、松科 1 井页岩差别较大，其中裂缝宽度 $W \leqslant 0.2$mm 和 0.5mm$\leqslant W < 1$mm 的裂缝分别占总数的 40%左右，而极少发育宽度范围在 $0.2 \sim 0.5$mm 的裂缝，裂缝宽度发育呈两极分化（图 4.20）。

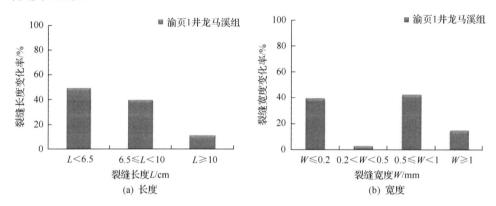

图 4.20　渝页 1 井龙马溪组页岩裂缝长度与裂缝宽度统计规律

渝页 1 井龙马溪组岩心裂缝中低角度斜交缝和高角度切割缝大体相当，分别占总数的 34.95%和 33.49%，而水平缝和垂直缝频率同样十分接近，分别为 15.73%和 15.84%。因此渝页 1 井龙马溪组页岩岩心裂缝倾角分布集中规律明显，总体上倾角较陡。松科 1 井牛蹄塘组页岩岩心裂缝总数中 64.26%为水平缝，其次为占总数 21.82%的垂直缝，裂缝倾角总体平缓（图 4.21）。CT 扫描建立的三维数据模型显示，龙马溪组页岩结构致密，与牛蹄塘组相比，黄铁矿较少，可见少量不同方

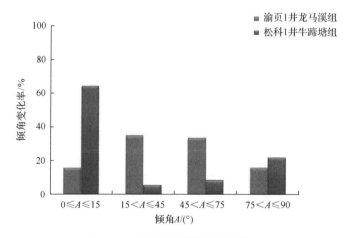

图 4.21　页岩岩心裂缝倾角变化率

向的高角度微裂缝(图 4.22)。此外，在扫描电镜照片中，也观察到了石英等脆性矿物之中的裂缝，在层状有机质与其他矿物颗粒之间的接触部位的层理缝也较常见(图 4.23)。这些现象都表明，龙马溪组页岩比牛蹄塘组页岩脆性更高，在外力作用下可能更容易形成裂缝。

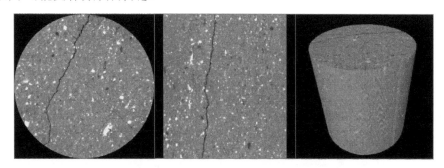

图 4.22　习页 1 井龙马溪组页岩电子计算机断层扫描三维数据模型

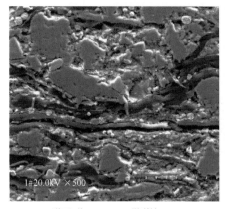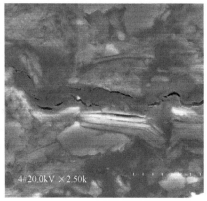

道页1井，584.3m，微裂缝　　　　　　　道页1井，597m，有机质缝顺层分布

图 4.23　道页 1 井龙马溪组页岩微裂缝

4.3　储集物性参数

4.3.1　孔隙几何形态

页岩孔隙几何形态与其沉积—成岩—构造作用密切相关，不同页岩矿物组分和组合可形成不同的孔隙形态。针对页岩不同矿物组分统计相关孔隙特征发现，页岩中孔隙形态多样，主要存在规则孔和不规则孔两大类，其中规则孔有圆形或椭圆形孔、狭缝状孔、长条状孔、管状孔等类型，而不规则孔则包含海绵状孔、不等径无规则形状孔、具有棱角的多边形孔，以及分散并且等径状孔等类型(表 4.1)。

表 4.1　不同类型孔隙形态统计结果

页岩成分	研究方法	孔隙名称	形状	来源
有机质	扫描电子显微镜	有机质孔隙		Wang 和 Reed(2009)
	扫描电子显微镜	颗粒内有机纳米孔隙,有机物颗粒内孔隙	通常具有不规则、圆形或椭圆形的横截面	Loucks 等(2009,2012)
	低温氮气吸附和低温二氧化碳吸附	有机质孔隙	狭缝状	Adesida 等(2010)
	扫描电子显微镜和透射电子显微镜	有机质孔隙	圆形	Schieber(2010)
	扫描电子显微镜和透射电子显微镜	沥青内孔隙	圆形	Curtis 等(2011a,2011b)
	扫描电子显微镜	有机质载体孔隙	多种形状,包括海绵状、不等径无规则形状、分散并且等径	Milliken 等(2013)
	扫描电子显微镜	干酪根内孔隙	大多数孔隙近乎圆形	Chen 等(2013)
	扫描电子显微镜	有机质孔隙	不规则形、椭圆形、狭缝状,或者更加复杂的形状	Jiao 等(2014)
黄铁矿	扫描电子显微镜	草莓状黄铁矿孔隙	多边形	Klaver 等(2012)
黏土矿物	透射电子显微镜	黏土晶间孔隙	狭缝状	Curtis 等(2011b)
	扫描电子显微镜和透射电子显微镜	层状硅酸盐骨架孔隙	多边形	Schieber(2010)
	扫描电子显微镜	与夹层黏土颗粒有关的孔隙	狭缝状	Chalmers 等(2012)
	扫描电子显微镜	富含黏土基质内空隙,层状硅酸盐孔隙	大多圆形	Klaver 等(2015)
	扫描电子显微镜	富含黏土的基质中碎屑界面处的粒间孔隙	长条状至新月状	Klaver 等(2015)
	扫描电子显微镜	絮凝黏土聚集体之间的孔隙	通常为多边形	Wang 等(2014)
石英和长石	扫描电子显微镜	微结构或石英颗粒之间的孔隙	狭缝状	Jiao 等(2014)

页岩成分	研究方法	孔隙名称	形状	来源
石英和长石	扫描电子显微镜	浅埋泥岩中的颗粒间孔隙	长条状	Loucks 等(2012)
		压实和胶结硬质颗粒之间的颗粒间孔隙	多边形状	Loucks 等(2012)
碳酸盐矿物	扫描电子显微镜和透射电子显微镜	碳酸盐溶解孔隙	不规则形状,或者保持矩形	Schieber(2010)
	扫描电子显微镜	方解石中的孔隙	等径的,具有棱角的多边形	Klaver 等(2012, 2015)
	扫描电子显微镜	与方解石颗粒有关的孔隙	未发现特定形状或者方向性	Klaver 等(2012)

上扬子地区下古生界高过熟海相页岩在氮气吸脱附曲线中的"滞后环"表现出典型的"大肚子"形态(图 4.24)。根据国际理论和应用化学联合会(IUPAC)对"滞后环"的分类,可解释得出牛蹄塘组以两端开放的管状孔隙、平行壁的狭缝状孔隙等开放型孔隙为主,而龙马溪组则兼具平行板状尖劈孔隙、管状孔隙及狭缝状孔隙。

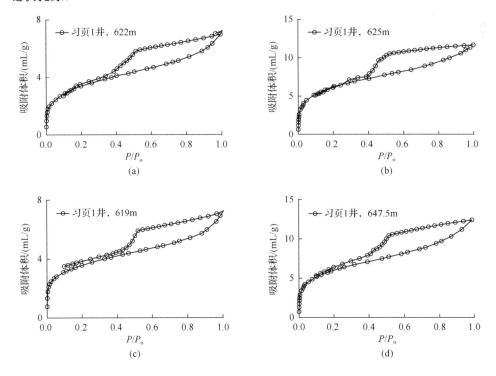

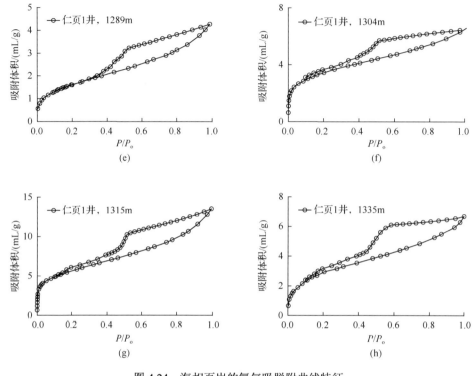

图 4.24　海相页岩的氮气吸脱附曲线特征
(a)～(d)龙马溪组；(e)～(h)牛蹄塘组

4.3.2　比表面积与孔径分布

根据页岩样品氮气吸附曲线的形态变化判断出页岩吸附是多种吸附态的混合形式，表明除具单层吸附特性的黏土矿物和有机质孔隙外，还有其他孔隙介质存在。另外，吸脱附曲线呈现出分离的特点，表明页岩气在孔隙中发生了毛细凝聚现象，而毛细凝聚是因为除分子层吸附外还发生了宏孔充填，这表明样品中含有一定量的中孔及宏孔(图 4.25)。

根据 IUPAC 的孔隙分类方案进行页岩孔径划分(Sing et al.，1985)，即将页岩孔隙分为微孔(小于 2nm)、中孔(2～50nm)及宏孔(大于 50nm)。龙马溪组页岩与牛蹄塘组页岩孔隙容积与比表面积范围相当，孔隙中的中孔占比最大，一般都在40%以上(表 4.2)。孔径分布图也显示两套页岩中的孔隙以微孔—中孔为主，孔隙数量随孔隙大小增大而减小。与龙马溪组相比，牛蹄塘组页岩孔隙平均孔径更小，微孔比例更高(图 4.25)。

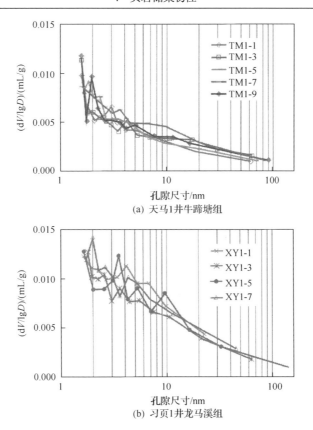

(a) 天马1井牛蹄塘组

(b) 习页1井龙马溪组

图 4.25 天马 1 井牛蹄塘组、习页 1 井龙马溪组页岩孔径分布曲线

表 4.2 孔隙结构参数对比

层系	BET 比表面积/(m²/g)	BJH 孔隙容积/(mL/g)	平均孔径/nm	孔隙比例/%		
				宏孔	中孔	微孔
龙马溪组	2~18 (均值 12)	0.0063~0.0132 (均值 0.0098)	12	30	45	25
牛蹄塘组	1.9~22 (均值 9)	0.0042~0.0155 均值 (0.00872)	7	25	40	35

上扬子地区下古生界页岩中，TOC 与比表面积存在普遍的正相关性(图 4.26)，这表明有机质孔隙很可能是页岩中比表面积，以及与之相关的微孔—中孔的主要贡献者。然而，不同层位及相同层位不同钻井的页岩的 TOC 和比表面积之间的线性拟合线斜率具有明显的差异，龙马溪组页岩比表面积随 TOC 增长明显高于牛蹄塘组页岩，并且高 TOC(大于 9%)样品的比表面积存在下降的趋势(图 4.26)。该结果表明，龙马溪组有机质孔隙可能比牛蹄塘组更为发育，此外，即使同一层系

页岩，其有机质孔隙的发育程度也存在较大的差异。

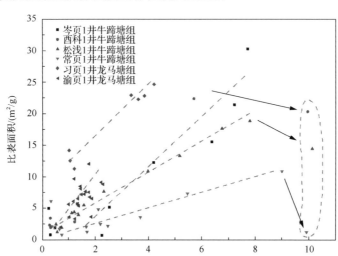

图 4.26　上扬子地区海相页岩 TOC 与比表面积相关性

　　受沉积环境的改变，同一井段内页岩样品有机质属性可能具有较大的差异，然而，其 TOC 与比表面积之间却具有良好的一致性。这可能是有机质孔隙的发育更受控于后期的同一井段内页岩经历的相似的埋藏—成岩改造作用的一个证据。高 TOC 样品比表面积的降低同 Milliken 等(2013)的观察结果相一致，即高 TOC 样品中的有机质孔隙更容易被压力破坏，也证明了后期改造作用对现今页岩中有机质孔隙发育程度具有重要的控制作用。

4.3.3　孔隙度与渗透率

　　上扬子地区牛蹄塘组页岩孔隙度介于 0.2%～4.1%，平均为 1.05%，并且超过 60%样品的孔隙度低于 1.0%［图 4.27(a)］。龙马溪组页岩的孔隙度分布为 0.5%～7.9%，平均为 3.59%，大部分样品孔隙度分布在 1%～4%［图 4.27(b)］。

　　下寒武统牛蹄塘组黑色页岩渗透率主要分布在 0.002×10^{-3}～$0.015 \times 10^{-3} \mu m^2$，大部分样品的渗透率小于 $0.01 \times 10^{-3} \mu m^2$，渗透率介于 0.004×10^{-3}～$0.008 \times 10^{-3} \mu m^2$ 的页岩样品最为常见［图 4.28(a)］。下志留统黑色页岩渗透率主要分布在 0.0013×10^{-3}～$0.040 \times 10^{-3} \mu m^2$，同牛蹄塘组页岩类似，大部分样品的渗透率小于 $0.01 \times 10^{-3} \mu m^2$，渗透率介于 0.005×10^{-3}～$0.01 \times 10^{-3} \mu m^2$ 的页岩样品最为常见［图 4.28(b)］。然而，龙马溪组高渗透率的样品比例明显高于牛蹄塘组。并且，在同一井段内的龙马溪组页岩样品孔隙度与渗透率具有正相关关系(图 4.29)，而这一现象并没有在牛蹄塘组页岩中发现。

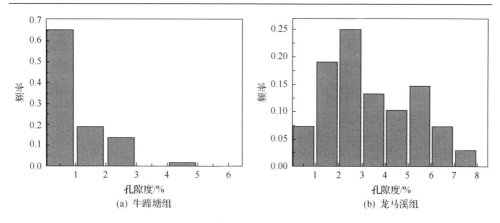

图 4.27 上扬子地区牛蹄塘组、龙马溪组页岩孔隙度分布规律

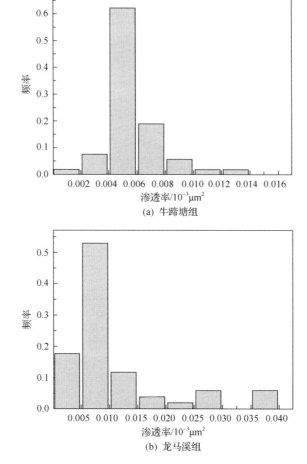

图 4.28 上扬子地区牛蹄塘组、龙马溪组页岩孔隙度分布规律

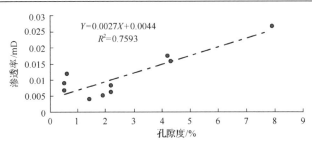

图 4.29　渝页 1 井黑色页岩孔隙度与渗透率呈正相关

　　研究表明，虽然牛蹄塘组与龙马溪组页岩储层都具有低孔低渗的特征，但后者的孔隙度、渗透率都明显优于前者，而这一现象可能与牛蹄塘组所遭受的高压实作用，以及有机质的特征有关。页岩在原始沉积时，孔隙度很大，随着埋藏压实、成岩等作用增强，孔隙度会逐渐减小。而石英为刚性矿物，抗压能力较强，所以，页岩石英含量的增大有利于原生孔隙的保存。碳酸盐矿物主要是在页岩沉积后期演化过程中形成的，主要以方解石和白云石为主，这些碳酸盐矿物对页岩孔隙的影响较为复杂，一方面提供一定数量的溶蚀孔隙，但另一方面碳酸盐矿物普遍作为胶结物，充填页岩的孔隙和裂缝，因此，一定程度上降低了页岩的孔隙度。该地区下古生界页岩有机质含量与孔隙度的正相关性是一个较为普遍的现象。王飞宇等（2013）的研究表明，北美的 Barnett、Marcelus、Haynesville 三大页岩有机质孔隙占总孔隙比例为 12%～30%，其中 Barnett 有机质孔隙占比高达 30%（TOC 为 5%的样品），Marcelus 有机质孔隙占比为 28%（TOC 为 6%的样品），Haynesville 有机质孔隙占比为 12%（TOC 为 3.5%的样品）。上扬子地区下古生界页岩有机质丰富，扫描电镜结果也证实，页岩的有机质孔隙都较为发育。与北美页岩相比，其成熟度普遍更高，高的压实作用降低了以粒间孔隙和粒内孔隙为主的无机孔隙的比例，因此，有机质孔隙对上扬子地区下古生界页岩总孔隙度的贡献可能要较北美海相页岩更高。

4.4　孔缝发育主控因素及分布模式

4.4.1　孔缝发育主控因素

　　页岩有机质孔缝的形成主要受有机质类型、成熟度的控制，而与成熟度保持一致的压实作用对页岩的无机原生孔隙具有破坏作用，后期构造作用不仅控制了构造裂缝的形成，进而通过对页岩气保存条件的影响控制了孔缝，沉积环境所控制的岩相组合与微结构则是造成页岩沉积缝类型差异的主要原因。

　　1. 有机质参数控制有机质次生孔缝的形成

　　页岩有机质生烃孔的发育程度与有机质类型、成熟度具有明显的相关性。研究表明,页岩中有机质类型越好、成熟度越高、已生成烃类越多,有机质生烃孔越发育(Schieber,2010;Curtis et al.,2012;Lu et al.,2015)。上扬子地区下古生界海相页岩中以过成熟腐泥型有机质为主,有机质生烃孔最为发育(图 4.30)。

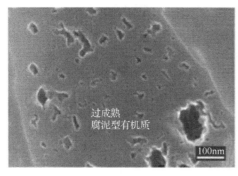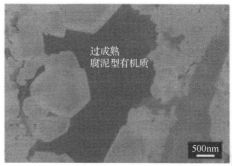

图 4.30　不同类型、成熟度有机质生烃孔发育差异

有机质类型与成熟度通过控制有机质本身的力学性质的强弱来影响有机质裂缝的发育。Emmanuel 等(2016)的研究表明,原始有机质的杨氏模量高于沥青,并且随成熟度升高而增强。上扬子地区下古生界海相页岩有机质以塑性较强的沥青为主,因此有机质裂缝较不发育(图 4.30)。

此外,页岩孔隙度与有机碳含量也具有一定关系。研究发现上扬子地区龙马溪组和牛蹄塘组页岩的孔隙度在有机碳低值时,随着 TOC 增加呈现出增加的趋势,但在 TOC 达到 5%左右后即出现了减小的趋势(图 4.31)。这一方面说明有机质内发育一定的孔隙,为页岩贡献一定的孔隙度;另一方面表明有机质孔隙在有机碳含量过高时会出现减少。特别是深水陆棚相的牛蹄塘组页岩,TOC 均值达 3.0%以上,底部硅质页岩和黑色页岩段可高达 5%以上,因而先存的生烃有机质孔隙很

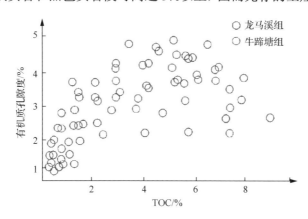

图 4.31　页岩孔隙度随有机碳含量的变化

可能在变质阶段被压实殆尽。Milliken 等(2013)在研究 Marcellus 页岩时，也发现当 TOC 小于 5.6%时，孔隙度呈现出随 TOC 含量增加而增加的现象，而当 TOC 大于 5.6%时，孔隙度则与 TOC 之间存在一定的负相关性，并解释为有机质具有一定的塑性，其丰度过高会导致岩石硬度降低，使得有机质遭受严重压实变形，进而造成有机质孔隙规模和孔径降低。王飞宇等(2013)在研究牛蹄塘组页岩时也发现，当 TOC 含量低于 5.0%时，可发现大量有机质孔隙，但 TOC 含量高于 6.0%时，有机质孔隙的可见率则大大降低。

2. 压实作用对页岩原生孔隙的发育具有明显的控制作用

碎屑岩孔隙度随埋深增大、有机质成熟度的升高而减少，主要是由于压实作用对原生孔隙的破坏引起的。与常规碎屑岩储层相比，页岩孔隙十分微小，原生孔隙相对较不发育，因此压实作用对页岩孔隙影响的大小仍然存在一定疑问。上扬子地区下古生界海相页岩成熟度高，粒间孔隙近乎完全闭合，只在有少部分孔隙在棱角和粗糙的边缘支撑下得以保存(图 4.32)；黏土孔隙则多为纸房结构保存的纳米孔隙(图 4.32)。

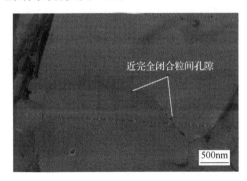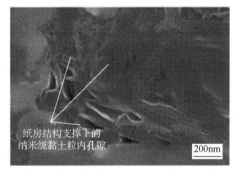

图 4.32　不同成熟度页岩无机孔隙发育差异

压实作用对原生孔隙的影响也体现在页岩的黏土矿物含量与孔隙体积的相关性差异上。上扬子地区页岩成熟度高，黏土矿物含量特别是绿泥石含量与总孔隙体积呈反比，表明在较高的压实作用下，黏土本身含有的孔隙被大量破坏，而其塑性又使其常作为填充物填充刚性矿物之间的粒间孔隙，因此黏土矿物对页岩总孔隙表现出负面作用。

3. 构造作用控制构造裂缝及保存条件

上扬子地区经历了加里东、海西、印支和喜马拉雅等复杂构造事件，使下古生界海相页岩中往往发育大量的构造裂缝，一方面提高了页岩本身的储集能力和渗透性，另一方面也导致了我国南方海相页岩保存条件较差，部分地区页岩含气性较低。保存条件不仅控制了页岩含气性，也影响了页岩孔隙的保存。页岩储层富含有机质及黏土矿物,本身塑性较强,页岩气的散失使孔隙缺少由压缩气体所造成的内压支撑,从而在高外界压力的作用下更容易被破坏。近期的勘探实践表明,龙马溪组含气性较好的页岩有机质孔隙较含气性较差的页岩有机质孔隙更为发育。牛蹄塘组虽然总体含气性较差,但金页 1 井、慈页 1 井含气较好的层段页岩有机质孔隙也较为发育。溶蚀孔隙的形成时间对页岩气的形成和富集至关重要,形成在页岩大量生气期之前的粒间溶蚀孔隙对页岩气的赋存具有积极作用,是页岩气重要的富集空间。后期溶蚀作用是决定页岩各类溶蚀孔隙发育的主要因素,页岩层中赋存的天然气散失,页岩气藏遭到破坏,后期地下水活跃,溶蚀作用强,溶蚀孔隙发育,反之,溶蚀孔隙则不发育(聂海宽等,2014)。因此,不仅仅是有机质性质与压实作用,复杂的构造作用导致的页岩气保存条件的差异也是造成页岩孔隙非均质性较强的一个重要原因。

4. 沉积环境控制的岩相组合与微结构是页岩沉积缝类型差异的主要原因

上扬子地区下寒武统牛蹄塘组及下志留统龙马溪组两套海相页岩沉积演化是由深水陆棚逐渐过渡为浅水陆棚沉积,层序上具有从海侵体系域到高位体系域的总体变化趋势。以龙马溪组为例,黑色碳质页岩往往分布于地层底部,有机质含量高,是页岩气的主要产层。中部往往为灰黑色粉砂质页岩夹灰色泥质粉砂岩和粉砂岩薄层,上部主要发育深灰色粉砂岩。页岩的有机质含量和硅质含量由底部向上呈逐渐降低的趋势(郭彤楼和张汉荣,2014)。中部—上部的粉砂质薄层使该段易形成肉眼可观察到的岩性缝与层理缝(图 4.33)。下部的碳质页岩硅质含量高,

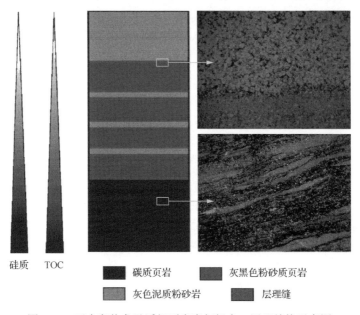

硅质　TOC

碳质页岩　灰黑色粉砂质页岩
灰色泥质粉砂岩　层理缝

图 4.33 下志留统龙马溪组页岩岩相组合、层理结构示意图

微小的水平层理发育，层理面通常为弱剥离面。在显微镜下观察，这些水平层理是由于微米尺度厚度的粉砂质、有机质及黄铁矿等顺层分布而形成（Tang et al.，2016），在层理面易形成顺层矿物缝（图4.34）。与岩性缝和层理缝相比，碳质页岩中的顺层矿物缝尺度更小、数量更多，更容易与微观孔隙连通。发育于中上部粉砂质页岩—粉砂岩中的岩性缝、层理缝，以及发育于底部碳质页岩中的顺层矿物缝可作为海相页岩中重要的潜在裂缝。

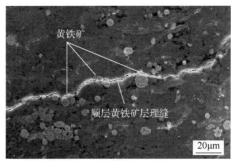

图4.34   下志留统龙马溪组碳质页岩顺层有机质、黄铁矿及裂缝

4.4.2   孔缝分布模式

上扬子地区海相页岩中有机质孔隙发育，沉积缝较为发育，主要为顺层矿物缝，尺度最小而密度最大；粒间孔缝、粒内孔缝发育较差，而构造缝受区域构造作用强度的控制，非均质性较强，在海相页岩中最为常见。

在剧烈的构造事件的改造下，作为目前页岩气主要勘探目标的上扬子地区下古生界海相页岩层中构造缝较为常见，且多为高角度裂缝。裂缝的发育规模、走向、发育程度受区域构造作用的强度影响变化较大。即使同一页岩层系，构造裂缝的分布也并不均匀。大量的构造裂缝在后期的成岩过程中被胶结填充，作为应力薄弱带，仅仅可作为潜在裂缝存在，而不能有效地提升页岩的储集及渗流能力。

我国海相富有机质页岩有机质来源主要为浮游生物和藻类等，因此有机质以腐泥型为主，上扬子地区下寒武统牛蹄塘组页岩有机质主要为Ⅰ型，下志留统龙马溪组页岩有机质主要为Ⅰ型和Ⅱ型。由于形成时代较早，上扬子地区海相页岩普遍进入了高—过成熟度阶段。较高的成熟度与较好的有机质类型使其在地质历史时期生成了大量的烃类，这是有机质生烃孔隙发育的主要原因。在较强的压实作用下，大部分的原生粒间孔隙以及部分粒内孔隙被破坏，只有少部分的黏土粒内孔隙及次生的溶蚀孔隙得以保存。

有机质孔隙是上扬子地区海相页岩中最为发育的孔隙类型，是孔隙体积和比表面积的主要贡献者，大部分的页岩气以吸附或游离的形式储存在有机孔隙当中。

二维扫描电镜图像中，有机质孔隙通常表现为相互孤立的，然而，其内部具有丰富的内部结构(Curtis et al.，2012)与大量的吼道，使孔隙之间相互连通(Wang et al.，2016；Zhou et al.，2016)，使页岩气可以在有机颗粒内部自由运移。顺层有机质、黄铁矿、粉砂质，以及提供的潜在裂缝在水力压裂的作用下被打开，使保存在有机质孔隙中的页岩气可以自有机质中进入粒间孔缝及水平层理缝等高速运移通道(图 4.35)。石英、方解石或黄铁矿充填的高角度构造缝在压裂的过程中也可被同时打开，使本近乎相互平行的层理缝可以得到较好的连通，进一步提高了页岩气的脱附和扩散速率。

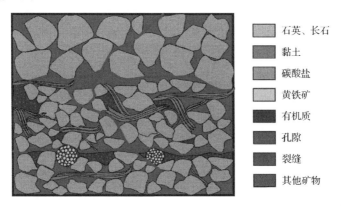

石英、长石
黏土
碳酸盐
黄铁矿
有机质
孔隙
裂缝
其他矿物

图 4.35　上扬子地区海相页岩主要孔缝分布示意图

　　上扬子地区海相页岩有机质含量高、生烃能力大，有机质孔隙发育，具有充足的生成及储集页岩气的能力。此外，海相页岩石英含量高，本身脆性较强，并且潜在构造缝、层理缝、顺层矿物缝较为发育，在储层改造后，能够容易的形成相互连通的孔隙—裂缝网络，为页岩气的释放提供了充足的运移通道，是页岩气产量高的一个重要原因。

5 页岩含气性

页岩含气性涉及页岩含气量、含气组分和含气饱和度等重要参数。其中含气量的研究对页岩气地质评价和开采条件评价至关重要。页岩含气量是指每吨页岩岩石所含天然气在标准状态(0℃，101.325kPa)下的体积，是计算原地气量的关键参数，对于页岩含气性评价、资源量计算、产量预测等具有重要意义(程鹏和肖贤明，2013)。在实际应用过程中，页岩含气量主要通过等温吸附法、测井解释法及现场解吸法来获得，其中现场解吸法是页岩含气量测试最直接的方法，也是目前最常用的方法(张金川等，2011)。

5.1 页岩含气显示

对于页岩气地质调查空白区而言，页岩含气显示是页岩发育及页岩气存在的最直观、最直接的证据。截至目前，在上扬子地区已发现多种不同类型的页岩含气显示(图 5.1)，如页岩气苗、页岩自燃(采掘或挖掘出的新鲜页岩因含有低燃点矿物，如磷、硫等，在其接触空气时将页岩表面解吸出来的甲烷引燃)、锰矿中的瓦斯爆炸(由于矿洞的开凿，在页岩新鲜面上形成大面积的甲烷解吸面，解吸出来的页岩气在相对密闭的坑道内无法及时散去，当空气中的甲烷含量达到 4.9%～16%时，遇火即发生爆炸)等。此外，川南部分地区在修路掘进后在页岩地层表明下雨形成的积水槽面经常出现冒泡等现象，也是证明地下页岩气存在的一个证据。

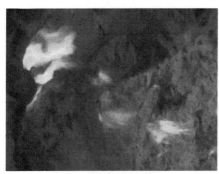 

(a) 宜昌秭归页岩气苗　　　　　　　　　(b) 重庆酉阳页岩自燃

图 5.1　宜昌秭归页岩气苗与重庆酉阳页岩自燃

为了在上扬子地区进一步发现页岩气，国土资源部自 2009 年开始，先后在该区实施了 7 口页岩气资源战略调查井，分别揭示了震旦系、寒武系和志留系的富有机质页岩层系，明确了页岩气基本地质参数，并获得了一系列页岩气发现，（表 5.1、图 5.2）。其中，由中国地质大学(北京)和国土资源部油气资源战略研究

表 5.1 页岩气资源战略调查井统计表

钻井名称	钻井年份	钻井地点	设计单位	实施效果
渝页 1 井	2009	重庆彭水县	中国地质大学(北京)	揭示下志留统龙马溪组页岩 225m(未钻穿)，首获页岩气发现，井深 325.48m
松浅 1 井	2010	贵州松桃县	中国地质大学(北京)、成都地质矿产研究所	揭示下寒武统变马冲组、牛蹄塘组页岩，见页岩气显示，井深 300.5m
岑页 1 井	2011	贵州岑巩县	中国地质大学(北京)	揭示下寒武统牛蹄塘组、变马冲组页岩，获页岩气发现，井深 1526m
渝科 1 井	2011	重庆酉阳县	中国地质大学(北京)	揭示下震旦统南沱组、下寒武统牛蹄塘组页岩，获得浅层页岩气发现，井深 463.03m
酉科 1 井	2011	重庆酉阳县	中国地质大学(北京)	揭示下寒武统牛蹄塘组、膏田组页岩，获得页岩气发现，井深 1451.68m
城浅 1 井	2011	重庆城口县	重庆地质矿产研究院	揭示下寒武统水井沱组页岩 851m，获页岩气发现，井深 854.13m
巫浅 1 井	2011	重庆巫溪县	重庆地质矿产研究院	揭示下志留统龙马溪组页岩 49m，见页岩气显示，井深 361.38m

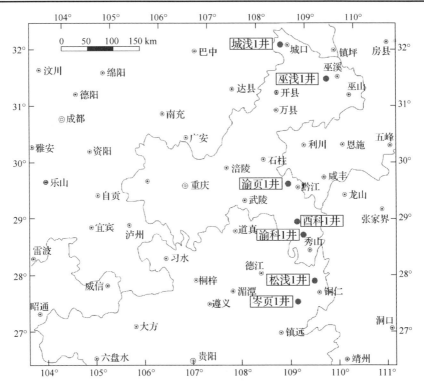

图 5.2 页岩气资源战略调查井

中心共同实施的第一口页岩气探井——渝页 1 井，对于加快我国南方海相页岩气勘探具有重要的推动意义。通过将随机选取的钻井岩心置于水中，均出现了针尖状气泡不断溢出的现象(图 5.3)，这可视为页岩气存在的最直接证据；此外，在钻进过程中，还多次在井筒中发现了气泡溢出及井口甲烷异常等现象，直接证实了页岩层系中天然气的存在。

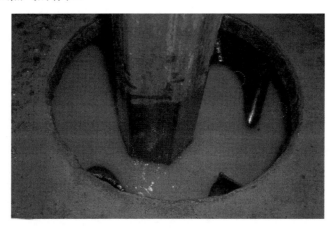

图 5.3　渝页 1 井钻井过程中的页岩气显示(张金川等，2009)

实际上，在上扬子地区的其他探井中也已经找到了众多页岩气存在的证据。通过对川南、川西南下寒武统(威 5 井、威 18 井等井的筇竹寺组)及下志留统(阳 63 井、太 15 井、阳深 1 井、阳深 2 井等井的龙马溪组)钻井的资料复查(李新景等，2009)，发现页岩层段普遍存在钻时曲线异常(岩性差异)、地层密度下降(含气页岩)、钻井液漏失(裂缝发育)、黏度上升(流体异常)、槽面升高、气侵及后效气侵(游离及吸附含气)、气测高异常、井涌甚至井喷等现象，印证了富有机质泥页岩中页岩气的存在。其中，通过对阳 63 井 3505～3518m 页岩段射孔并经土酸酸化处理后，获得了 3500m^3/d 的天然气产量，更是直接证明了富有机质泥页岩中页岩气的发育。此外，部分探井页岩段含气异常特点明显(如马 1 井须家河组、丁山 1 井龙马溪组、建深 1 井龙马溪组等)，气显(井涌等)及气测等异常在钻井过程中频繁出现，也是页岩气存在的直接证据。

下寒武统牛蹄塘组页岩段作为我国南方地区重要的页岩层段，在川中地区的资 7 井、资 1 井，川西南地区的威 4 井、威 15 井、威 22 井、威 28 井，以及黔北地区的方深 1 井等均见气测异常，并且在川西南地区的威 18 井、威 22 井、威 3 井、威 9 井、威 4 井、威 5 井等下寒武统牛蹄塘组页岩段还普遍存在气侵及井涌现象。黔黄页 1 井在井深 2730～2760m，压裂厚度 30m，日产气量 418m^3，岑页 1 井，井深 1500m，成功点火；湘矛 2 井在井深 200～368.5m 处气测全烃值达 4.1%，常页 1 井测得牛蹄塘组含气量 2.1m^3/t，而慈页 1 井现场页岩气岩心解吸气中甲烷气体成分较高，并且点火试验成功。

　　川西南金页 1 井，牛蹄塘组含气量达 1.02～4.69m³/t，平均 2.03m³/t，钻井过程中，槽面见 10%气泡显示。同样还有川南地区的威 201 井，气显较好，压裂后在牛蹄塘组和龙马溪组黑色页岩段进行了试采，日产达 10000m³ 以上，从总体的显示井段岩性来看，既有黑色碳质页岩、灰黑色砂质页岩，也有磷灰质页岩、碳质页岩和粉砂质页岩夹层等，天然气成分主要以 CH_4 为主，约为 86.5%，也含有一定量的 C_2H_4 和 C_3H_8，同时还有部分 H_2、N_2、H_2S 和 CO_2，具有湿气的特征。虽然川西南威远地区牛蹄塘组富有机质页岩的有机碳含量和有效厚度远不如坳陷区内发育，但页岩层段的气显较好，说明气显大小和页岩本身的裂缝或基质孔隙发育程度有很大相关性。从气显剖面图上看(图 5.4)，部分单井具有多段气显特征，且气显层段主要位于牛蹄塘组的中下部及下部，这可能与富有机质(TOC 大于 2.0%)黑色页岩位于中下部密切相关，表明牛蹄塘组页岩气受富有机质有效黑色页岩分布控制影响较大。此外，可作为封闭层的灯影组大段灰岩层可能也是气显较好的重要因素之一。

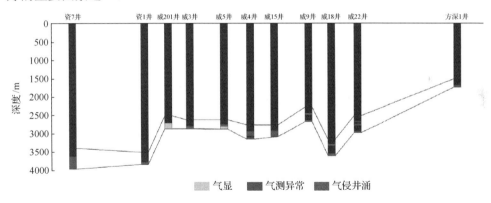

图 5.4　下寒武统牛蹄塘组页岩段气显剖面示意图

　　下志留统龙马溪组泥页岩段普遍见到含气显示，其中在川西南地区的威 4 井、威 64 井，川南地区的临 7 井、太 15 井、林 1 井、丁山 1 井，川东地区的广参 1 井，鄂西地区的河页 1 井等均见气测异常；此外，在川南地区的阳深 2 井、太 15 井、隆 32 井、阳 9 井和太 15 井也均普遍存在气侵及井涌现象，其中阳深 2 井出现多段气侵；川西南地区的隆 32 井和鄂西地区的河 2 井等在下志留统页岩段进行了试采，其中隆 32 井在 3164.2～3175.2m 黑色碳质页岩段试采初产气 1948m³/d。尤其在渝东地区的页岩气探井渝页 1 井，鄂西地区的河页 1 井在钻遇龙马溪组黑色页岩段过程中气显频繁出现。从气显剖面图上看，和牛蹄塘组类似，下志留统龙马溪组部分单井具有多段气显特征，且显示井段位于中下部及下部，这与富有机质(TOC 大于 2.0%)黑色页岩位于中下部密切相关(图 5.5)，表明下志留统页岩气受富有机质有效黑色页岩分布的控制，当然上奥陶统五峰组底下整合接触的段灰岩也同样起到了很好的密封保存作用。

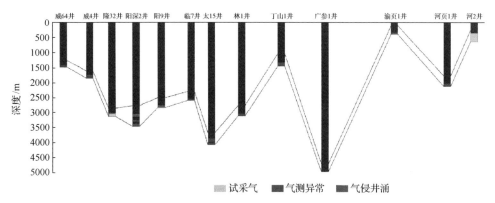

图 5.5　下志留统龙马溪组页岩段气显剖面示意图

5.2　页岩含气量测试

5.2.1　等温吸附模拟

等温吸附实验是测试样品对于不同气体在不同压力条件下的吸附能力(严继民和张启元，1979)。通过等温吸附实验获得的等温吸附曲线可以描述页岩储层吸附气量与压力之间的关系，反映了页岩对不同气体的吸附能力。但需要注意的是，由于页岩气与煤层气含气结构的不同，等温吸附实验可以较好地反映煤层的最大含气量，具有一定的适应性。但是对于页岩而言，等温吸附实验只能够用来描述页岩的最大吸附能力，与实际含气量是两个不同的概念。

吸附机理是页岩气赋存有效的机理，页岩气主要是物理吸附，一般采用Langmuir 模型描述其吸附过程(王瑞等，2013)。吸附在干酪根表面上的甲烷与页岩中游离甲烷处于平衡状态，Langmuir 等温线就是用来描述某一恒定温度下的这种平衡关系的。页岩等温吸附实验基本流程是，首先将页岩岩样粉碎后加热以排除其所吸附的天然气，然后将岩样放在密封容器内，在温度恒定的甲烷环境下不断对其加大压力，测量其所吸附的天然气量，将结果与 Langmuir 方程式拟合后就形成等温线。通过等温吸附曲线可以获得等温吸附的两个重要参数：Langmuir 体积和 Langmuir 压力，Langmuir 体积描述的是无限大压力下页岩吸附气体积，Langmuir 压力为吸附体积等于 Langmuir 体积一半时对应的压力。

等温吸附实验是页岩测试技术中不可缺少的一部分。值得注意的是，吸附作用是低压(低于 6.9MPa)条件下天然气主要的赋存机理，当储层压力接近高于13.8MPa 的渐近线时则吸附效率不佳(周尚文等，2016)。另外，等温吸附获得的是页岩的最大含气量，其结果往往比通过解吸法测得的结果数值大，它反映了页岩样品对天然气的最大吸附能力，因此等温吸附实验一般用来评价页岩的吸附能力，确定页岩含气饱和度的等级，缺少现场解吸实验数据时可用来定性地比较不同页岩含气量的大小。

1. 牛蹄塘组

下寒武统牛蹄塘组页岩作为上扬子地区最为重要的页岩层系之一，其相较于龙马溪组页岩在有机质丰度上具有明显优势，使得下寒武统牛蹄塘组页岩整体的吸附能力较龙马溪组页岩高。以常页1井下寒武统牛蹄塘组富有机质泥页岩为例，对埋深在513.1～1377m之间共14个页岩样品进行等温吸附实验。吸附气量随压力变化可分为3个阶段：低压段(0～2.25MPa)，吸附量与压力为近似线性关系；中压段(2.25～6.24MPa)，吸附量进入过渡阶段，其增加缓慢；高压段(大于6.24MPa)，吸附达到单分子层饱和，吸附量不再随压力变化而变化(图5.6)。此随压力变化的吸附过程与Langmuir方程理论所论证的吸附过程相符，因此Langmuir方程能够很好地描述页岩对甲烷的吸附特性。此外，通过对等温吸附曲线观察表明，页岩对甲烷的吸附量随着压力增大而变大，当压力为0.35MPa时，吸附量为Langmuir体积的9.36%～24.24%，平均为15.25%；当压力为11.13MPa时，附气量为Langmuir体积的75.44%～89.61%，平均为83.40%；压力大于11.13MPa时，随着压力增大吸附量的增量已很小。

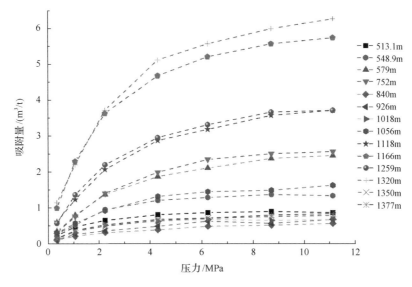

图5.6　常页1井页岩甲烷等温吸附曲线

此外，常页1井下寒武统牛蹄塘组泥页岩饱和吸附量 V_L 为0.69～7.61m³/t，平均为2.79m³/t；Langmuir压力常数P_L为1.04～3.29MPa，平均为2.19MPa。14个样品中饱和吸附量都在0.5m³/t以上，其中达到3m³/t以上的有6个，比现场解吸的总气量大得多，表明黑色页岩的储集物性比较好，在地下温压条件适合的地方能聚集大量的页岩气。从常页1井页岩相同压力下的甲烷吸附量随深度的变化趋势也可知在1056～1320m样品对甲烷的吸附能力在不同的压力下吸附能力最大（图5.7），这可能与牛蹄塘组下段泥页岩有机碳含量较高有关。

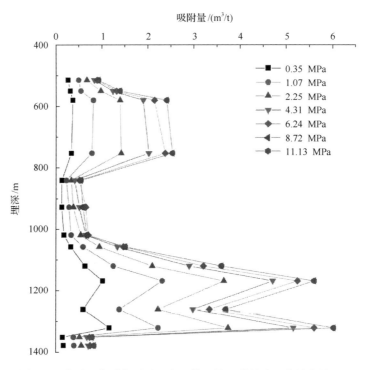

图5.7　常页1井页岩不同压力下的甲烷吸附量随深度的变化图

2. 龙马溪组

相较于下寒武统牛蹄塘组页岩，下志留统龙马溪组页岩的吸附能力则相对较弱。以渝页1井为例，从渝页1井126m井深到324.8m井深，选取21个样品进行等温吸附实验。测试样品的等温吸附线见图5.8。从图中可看出吸附量在温度一定时，随着压力的升高而增加，当压力增加到一定程度，吸附量达到饱和，不再增加。吸附曲线同样呈现3个变化阶段：当压力小于0.38MPa时，吸附量随压力的增加呈近似直线上升趋势；压力在0.38～10.83MPa之间时，吸附量进入过渡阶段，其增加速度逐渐降低；当压力大于10.8MPa时，吸附逐渐达到饱和，吸附量随压力上升有少量增加或不再增加。

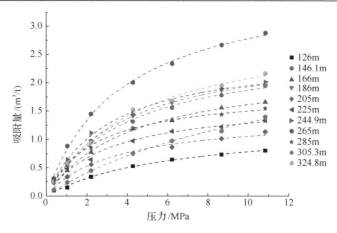

图 5.8　渝页 1 井 225.0～324.8m 深度页岩的甲烷等温吸附线

通过应用 Langmuir 等温吸附模型对等温吸附实验数据拟合可得，渝页 1 井页岩样品不同压力下的吸附量和吸附常数。饱和吸附量 V_L 为 1.25～3.90m³/t，平均为 2.17m³/t；Langmuir 压力常数 P_L 为 1.90～9.48MPa，平均为 3.69MPa。21 个样品中饱和吸附量达到 3m³/t 以上的有两个，在 2～3m³/t 之间的有 9 个，其余 10 个样品在 1～2m³/t 之间。等温吸附曲线表明页岩对甲烷的吸附量随着压力增大而变大，当压力为 0.38MPa 时，吸附量为 Langmuir 体积的 4.4%～21.2%，平均为 11.9%；当压力为 10.83MPa 时，吸附量为 Langmuir 体积的 56.0%～89.4%，平均为 76.9%；压力大于 10.83MPa 时，随着压力增大吸附量的增量已很小。图 5.9 更加清晰地展示了不同深度不同压力下的吸附量的变化规律，吸附量在纵向上具有由低到高的旋回性。

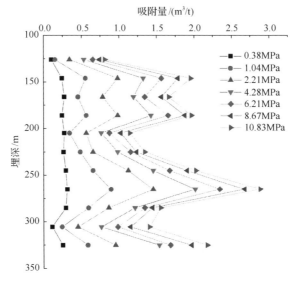

图 5.9　渝页 1 井页岩样品在不同压力下的甲烷吸附量

5.2.2 含气量测井解释

前人研究表明,通过现场测井数据结合岩心实验数据,可以很好地建立页岩气储层及其含气量测井解释模型,以此预测优质页岩储层及其含气量(李玉喜等,2011)。针对研究区下寒武统牛蹄塘组和下志留统龙马溪组页岩,选取探井岑页 1 井和丁山 1 井作为重点解剖井,以期为上扬子地区海相页岩气测井评价研究做出参考。

在页岩气的勘探开发工作中,如何利用测井资料快速准确地摸清地层含气情况对于指导后续工作至关重要。测井资料是地层含气性的综合反映,利用测井曲线形态和测井曲线相对大小可以快速而直观地定性识别含气页岩层段。在页岩层系中,页岩气主要以游离气和吸附气的形式保存在页岩地层中,在测井曲线上,有机质含量高的页岩地层往往是高伽马异常的地层,相应的吸附气含量较高,而裂缝、孔隙发育的页岩层中以游离气为主,含气量增大声波值变大,同时,遇裂缝发生周波跳跃,含气量增大使中子测量值偏低,出现挖掘效应,含气量大密度值低;在地质录井油气显示分析上,气测幅度较大,TG 较大的地层含气量越高;在密闭取心分析条件下,TOC 含量越高,储层含气性越好,此三方面可以简单快捷地定性判别页岩气的含气情况(王宣龙等,1996)。以岑页 1 井 1440~1470m 深度段为例:自然伽马最高可达 700API 以上,铀最高可达 110ppm(1ppm=10^{-6}),并且密度、中子和 PE 数值特征与北美优质页岩气层测井响应特征相似,通过岩心分析表明其为典型的含气页岩层段(图 5.10)。

通过研究页岩储层与含气量之间的关系,建立总有机碳含量(TOC)和含气饱和度(S_g)、吸附气含量(A_{gas})、总含气量(T_{gas})等的计算公式,然后利用此计算公式对岑页 1 井测井资料进行了综合分析和处理。以岑页 1 井 1425~1478m 深度段为例(图 5.11),该段页岩自然伽马数值高,铀出现明显高异常,PE 数值在 5b/e 左右,钍和钾含量低,钾含量一般在 1%左右,钍含量一般小于 2%,密度—中子关系呈现绞合状,重叠识别其黏土含量较低。研究认为该地层富含有机质、硅质和钙质含量高,计算地层有机碳含量多集中在 5%~10%,最高可达 12%。最优化方法计算的部分层段孔隙度在 5%以上,含气饱和度在 85%以上,并且气测出现明显的台阶状尖峰,最高可达 10%以上,属于该区块的页岩气优质甜点储层。页岩总含气量范围跨度较大,介于 0.5~5.5m^3/t,主体介于 2~4m^3/t,表现出较好的页岩气资源潜力。

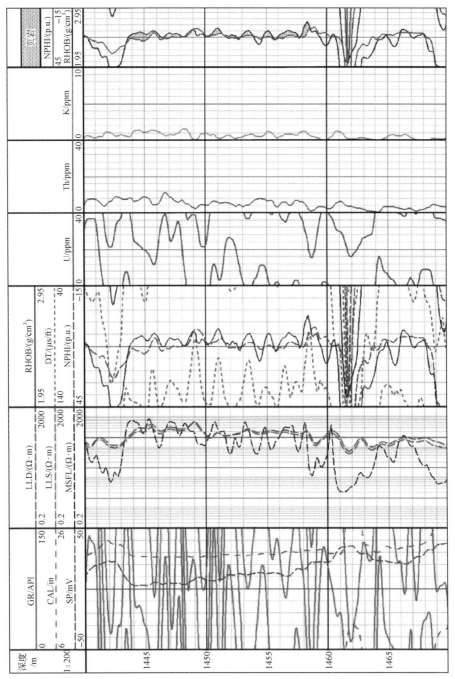

图 5.10　岑页1井典型含气页岩层段测井曲线特征(1440~1470m)

1in=2.54cm；1ft=30.48cm

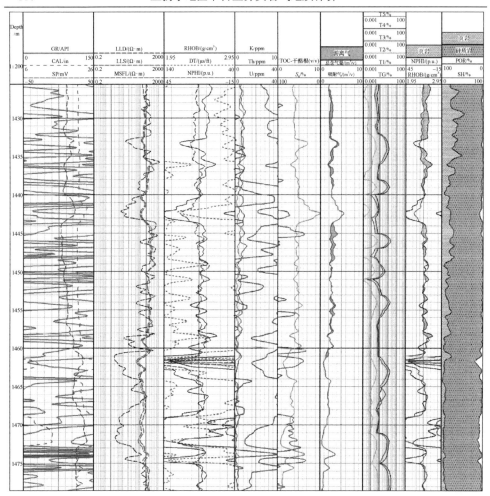

图 5.11 岑页 1 井测井解释潜力含气页岩层段（1425～1478m）

此外，通过观察丁山 1 井龙马溪组气测曲线后发现，下志留统龙马溪组页岩气测异常明显，且气测异常主要出现在龙马溪组页岩的下段，并随着深度的增加而增加。通过对丁山 1 井龙马溪组和牛蹄塘组页岩进行页岩测井含气量解释后发现，龙马溪组和牛蹄塘组的游离气平均含量分别为 $1.66m^3/t$ 和 $0.54m^3/t$，纵向上由浅层位向深层位，游离含气量呈现减小的趋势（图 5.12 和图 5.13）。在计算孔隙度的过程中，丁山 1 井龙马溪组 1375～1424m 井段为灰质泥岩，取 1410～1420m 井段的 SP 平均值–56.16mV 作为 SP 杂质泥页岩值，而将 1440～1450m 井段的 SP 平均值–46.96 作为 SSP 纯泥页岩值，校正系数 α 为 1.1959，然后求得校正后的孔隙度。

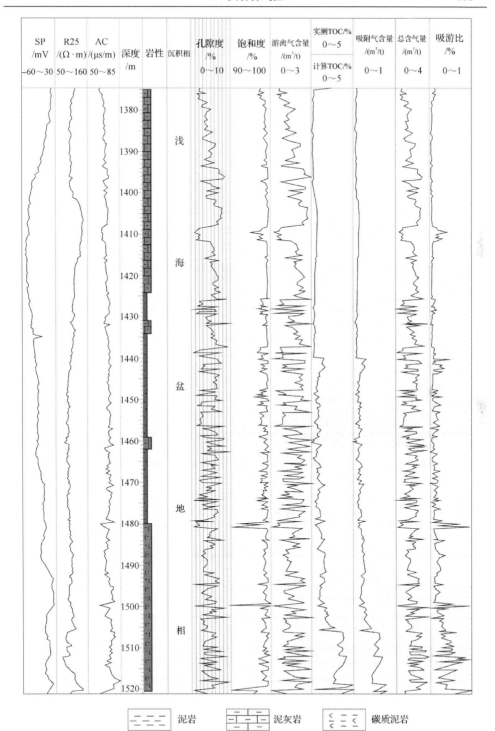

图 5.12 丁山 1 井龙马溪组总含气量预测图

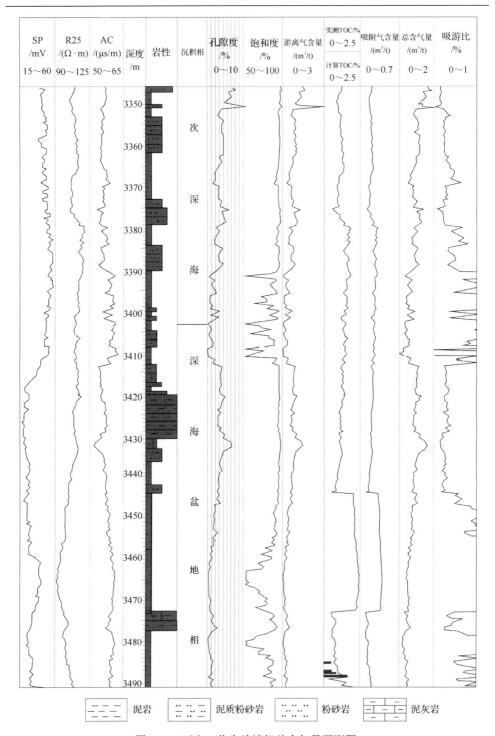

图 5.13　丁山 1 井牛蹄塘组总含气量预测图

为获得丁山 1 井吸附含气量测井解释剖面，借助等温吸附实验获得本地区的吸附含气量与有机碳含量的关系，即页岩吸附含气量与有机碳含量关系式为：$Y=0.1529X+0.0235$（$R^2=0.7878$；Y 代表吸附气含量；X 代表有机碳含量）。通过有机碳含量识别、等温吸附实验，以及本地区吸附含气量与有机碳含量的关系建立后，可求得吸附含气量，得到丁山 1 井龙马溪组和牛蹄塘组的吸附含气量效果图（图5.12、图 5.13）。丁山 1 井龙马溪组和牛蹄塘组的吸附含气量平均值分别为 $0.18\mathrm{m^3/t}$ 和 $0.24\mathrm{m^3/t}$，由浅层位至深层位页岩吸附含气量呈现增加趋势。对丁山 1 井龙马溪组和牛蹄塘组分别完成游离含气量与吸附含气量研究之后，即可得到页岩总含气量。通过对丁山 1 井龙马溪组、牛蹄塘组的页岩气测井评价，得到两个层位的总平均页岩含气量分别为 $1.84\mathrm{m^3/t}$ 和 $0.78\mathrm{m^3/t}$。因此，尽管牛蹄塘组页岩的吸附气含量较龙马溪组页岩高，但龙马溪组的页岩气潜力仍优于牛蹄塘组页岩。

5.2.3　页岩现场解吸

1. 解吸法

解吸法最先由 Bertard 等（1970）提出，后经美国矿务局改进和完善，成为美国煤层含气量测试的工业标准，该方法操作简单，测试精度基本能够满足勘探阶段的要求。由于页岩含气结构同煤层气相类似，因此，在过去应用于煤层气的解吸方法也同样可以应用于页岩的含气量测定。在解吸法中，页岩含气量主要由解吸气、损失气和残余气三部分构成。测试时，岩心提上井口后要迅速装入密封罐，在模拟地层温度条件下测量页岩中的自然解吸气量，解吸结束后将岩心粉碎，测量其残余气量，最后利用实测解吸气量和解吸时间的平方根回归求得损失气量。因此，页岩气的总含气量即为解吸气量、残余气量及损失气量之和。

页岩含气量测试的基本原理和煤层一样，但是值得指出的是，页岩渗透率和煤不同，在碎小的页岩样品中基质渗透率非常低，不像煤具有广泛的天然割理系统。由于页岩基质渗透率极低，解吸速率很慢，特别是当岩心样品直径很大时，解吸时间更长。另外，页岩含气量比煤层少，需要更高分辨率的解吸设备，特别是当测量的样品较小时（旋转式井壁样品或钻屑），便无法采用常规煤层气设备。因此，页岩气解吸设备应该比煤层气解吸设备具有更高的测量精度。但目前国内外用于页岩气解吸的实验测试系统多使用了气体导管连接解吸罐和量筒，该类系统普遍存在以下两方面缺点：一是在向解吸罐中装样时，解吸罐中存在残余的空气，而且导管在测试前也充满空气，当解吸气量微小时，系统设备内存在的空气会使收集到的解吸气体中甲烷含量的测试结果很可能为零或与实际结果偏差较大，在对解吸气进行收集的过程中也容易混入新的空气；二是实验设备庞大，不便于野外现场使用。为了减小现有解吸设备精度低的缺点，中国地质大学（北京）研发出了一种改进的解吸气测量设备，包括解吸罐、集气量筒和实验箱三部分组成（图 5.14）。整套解吸设备结构紧凑、体积小、气密性好、测量精确、便于移动和携带、操作简单快捷、适合野外现场使用、加热均匀，且其对应的实验方法操作方便简单，从而能够满足页岩储层含气量特点的测试要求。

图 5.14　中国地质大学(北京)新型页岩解吸气测量仪器

在使用本设备在现场进行页岩解吸气量测量前，需要在现场的温压条件下对解吸时排水孔径大小进行测量，具体方法是：向集气量筒内装入饱和盐水，且封口朝下竖直放置，调整调节阀，选定盐水不会外流的最大孔径作为解吸时排水孔的打开孔径，之后关闭排水孔待用。之后，当岩心从地下取出时，迅速装入盛有饱和盐水的解吸罐中，放入恒温水浴，水浴温度为地层条件下的温度，通过排水法测量解吸罐中页岩解吸出来的气量。解吸气量分多次测量，从解吸开始至结束国内一般使用 7h，前 4h 里每 15min 记录一次测量数据，后 3h 里每 30min 记录一次测量数据。

将每次现场解吸得到的气体体积 V_m 代入式(5.1)，求得其对应的标准状态(温度 20℃、压力 101.33kPa)下的体积 V_s，将每次解吸的标准体积累加即得样品在标准状态下的总解吸气量。

$$V_s = \frac{273.15 P_m V_m}{101.325 \times (273.15 + T_m)} \tag{5.1}$$

式中：V_s 为标准状态下的气体体积，cm^3；P_m 为大气压力，kPa；T_m 为大气温度，℃；
V_m 为气体体积（解吸计量读数），cm^3。

2. 解吸数据分析

1）牛蹄塘组

上扬子地区下寒武统 18 口钻井 286 项现场解析总含气量数据显示，页岩总含气量介于 0.08～6.02m^3/t，平均为 0.78m^3/t（图 5.15），其中小于 0.5m^3/t 的含气量占总数的 53.8%（图 5.16），介于 0.5～1.0m^3/t 的含气量占总数的 19.9%，介于 1.0～1.5m^3/t 的含气量占总数的 10.5%，介于 1.5～2.0m^3/t 的含气量占总数的 5.6%，大于 0.5m^3/t 的含气量占总数的 10.2%。

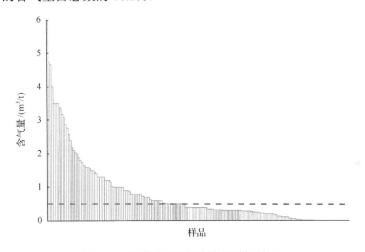

图 5.15 下寒武统泥页岩含气量柱状图

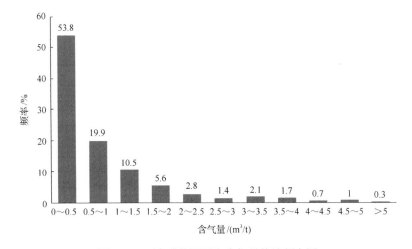

图 5.16 下寒武统泥页岩含气量统计频率图

上扬子地区牛蹄塘组含气量分布特征差异明显(图 5.17)。四川盆地主要统计威 001-2 井、威 001-4 井、威 201 井、金石 1 井及金页 1 井共 80 项含气量数据，含气量分布在 0.2~6.02m³/t 之间，大于 0.5m³/t 的含气量数据高达 82%，分布曲线峰值明显，含气量分布范围较大，甚至局部位置含气量高达 6.02m³/t [图 5.17(a)]。四川盆地周缘共统计天马 1 井、城地 4 井、仁页 1 井、保 2 井、酉页 1 井、秀页 2 井、秀页 3 井及秀页 6 井共 8 口井 335 项含气量数据，含气量较低，主体分布在 0~0.5m³/t，频率为 79%，大于 0.5%的含气量数据频率仅为 21%[图 5.17(b)]。中扬子地区统计常页 1 井 108 项含气量数据，含气量较低，总体分布在 0~0.5m³/t，频率高达 82%，分布特征和四川盆地及周缘含气量分布特征相似[图 5.17(c)]。下扬子地区统计赣页 1 井 22 项含气量数据，100%均分布在 0~0.5m³/t，含气量更低[图 5.17(d)]。

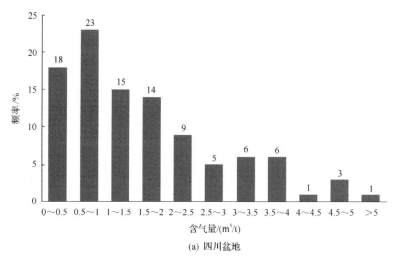

(a) 四川盆地

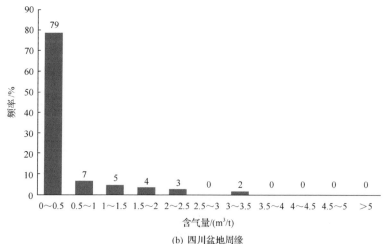

(b) 四川盆地周缘

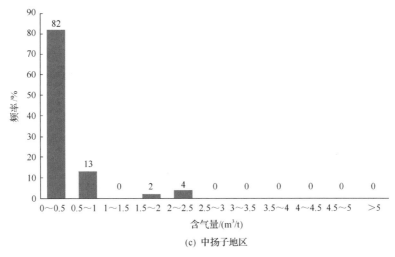

(c) 中扬子地区

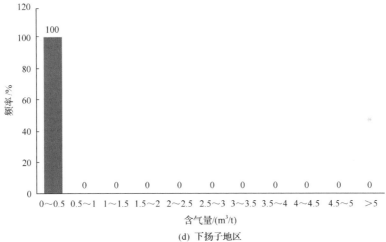

(d) 下扬子地区

图 5.17　典型地区下寒武统页岩含气量统计特征

　　总体上，下寒武统牛蹄塘组泥页岩含气量较低，除四川盆地外，小于 $0.5m^3/t$ 的含气量占到总数的 75% 以上，分析含气量数据，几乎涵盖了下寒武统泥页岩的纵向分布，下寒武统泥页岩厚度大，沉积微相和岩性有所变化，导致含气量在下寒武统泥页岩纵向上的分布变化较大(图 5.18)，因此，纵向上优选含气量高值段是研究下寒武统泥页岩含气量的关键。平面上，盆地内含气量明显高于盆缘含气量，在大于 $2.0m^3/t$ 的含气量数据中，四川盆地内的数据占到近乎 90%。

　　以威 201 井、金页 1 井、秀页 6 井和常页 1 井为例，威 201 井和金页 1 井位于四川盆地内，含气量较高，威 201 井含气量介于 $0.9\sim4.8m^3/t$，平均为 $2.13m^3/t$；金页

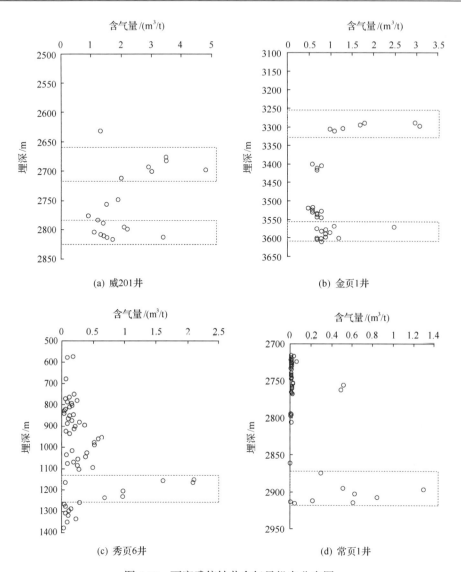

图 5.18　下寒武统钻井含气量纵向分布图

1 井含气量介于 0.52～4.69m³/t，平均为 1.18m³/t，威 201 井、金页 1 井在纵向上存在两个含气量高值区[图 5.18(a)、(b)]；秀页 6 井位于渝东南秀山地区，含气量介于 0.0015～1.30m³/t，平均为 0.13m³/t，常页 1 井位于湘西常德地区，含气量介于 0.03～2.1m³/t，平均为 0.32m³/t，秀页 6 井和常页 1 井在纵向上存在一个高值区[图 5.18(c)、(d)]。高值区累计厚度较大，均在 100m 以上。

2)龙马溪组

相较于下寒武统牛蹄塘组页岩,下志留统龙马溪组页岩的含气量及气体品质整体较好。以渝页1井为例,渝页1井完成了16块样品的现场解吸实验,其中位于281.0m和287.5m井深处样品的含气量现场解吸值最高,计算现场解吸气量达到并超过$0.1m^3/t$(解吸持续时间6h)。考虑到井筒提心时间较长(4.2h)、损失气量及残留气量较多等原因,再结合已有解吸曲线的比较研究,推测页岩吸附含气量大于$1m^3/t$。结合页岩总含气量分析原理,初步计算页岩总含气量(吸附气+游离气)介于$1.0\sim3.0m^3/t$,视为具有工业价值的页岩层系。进一步的气相色谱分析结果表明,页岩天然气样品中同时含有CH_4和C_2H_6,在$128.23\sim138.46m$和$206.75\sim209.18m$井深等样品中还发现了C_3H_8的存在(图5.19)。其中,$138.13\sim138.46m$井深样品中的CH_4、C_2H_6和C_3H_8含量分别为42.43%、0.42%和0.01%,其余为N_2、CO_2等大气成分。解吸样品中烃类气体含量的百分比并不高,可能主要反映为解吸仪中空气样品的残留或地下风化带中少量空气成分的进入。

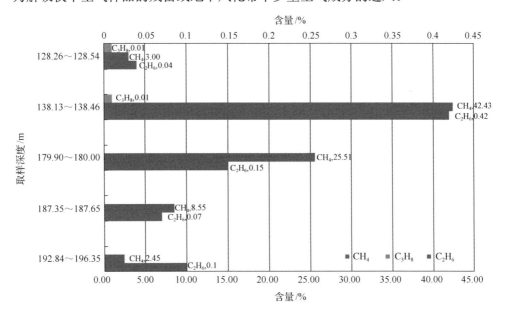

图5.19　渝页1井解吸气烃类型及含量变化(张金川等,2009)

此外,利用上述新型解吸测试系统对24块习页1井岩心样品进行了现场实验。解吸测试的早期阶段,每隔5min记录出气读数,连读观测一段时间后,延长时间间隔继续测量,直至停止出气。在不同的解吸时间段,页岩气的解吸速率不同,解吸速率与时间的关系曲线显示页岩解吸过程与气井生产具有一定的相似性,只是在规模尺度上有所差异,解吸速率随着时间有减小的趋势(图5.20)。测试结果表明，习页 1 井龙马溪组页岩解吸气量随着深度的增加逐渐升高(图 5.21)，到 648.5m 时达到峰值 5910mL，龙马溪组底部页岩段(619~648.5m)含气性最好。不同深度的页岩样品解吸曲线形态各异，可能由于页岩的非均质性导致解吸过程的气体释放速率不同，使得解吸气量与时间的平方根关系曲线存在一个或多个直线阶段。通过计算得到习页 1 井下志留统龙马溪组页岩样品的解吸气含量介于 0.629~2.814m³/t。

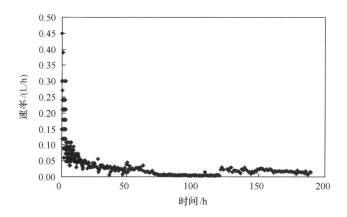

图 5.20　习页 1 井页岩气解吸速率变化(645m)

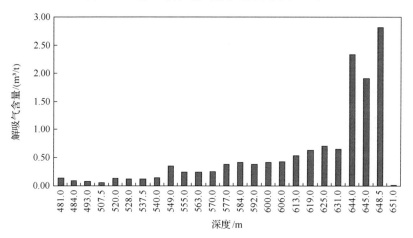

图 5.21　习页 1 井岩心解吸气量

通过气相色谱进行组分分析可知，习页 1 井下志留统龙马溪组页岩解吸气以 CH_4 为主，此外还有部分 C_2H_6 及少量 N_2(图 5.22)，其中 CH_4 含量最高达 95%以上，表明习页 1 井下志留统龙马溪组页岩具有高天然气质量的特点。

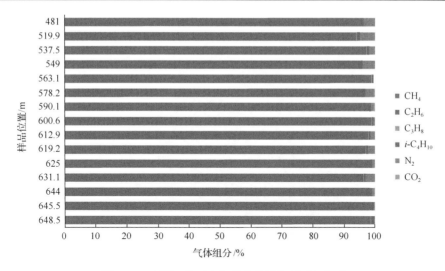

图 5.22　习页 1 井下志留统龙马溪组解吸气组分

5.3　含气饱和度和含气组分

5.3.1　含气饱和度

页岩含气饱和度是指在原始状态下，页岩储层内天然气体积占连通孔隙体积的百分数。含气饱和度值直接影响页岩气开采的效率和开采难度，是进行页岩气资源评价和开采条件研究的关键重要参数。

上扬子地区海相页岩含气饱和度普遍偏高，以四川盆地及周缘牛蹄塘组含气饱和度为例，盆内和盆缘含气饱和度差异较大，四川盆地内牛蹄塘组含气饱和度分布在 54%～82%，平均为 66.56%，主体分布在 55%～80%，占总样品数的 95%以上，小于 55% 和大于 80% 的含气饱和度频率分别占 2.44%，正态分布峰值明显（图 5.23）。

四川盆地周缘牛蹄塘组含气饱和度低，分布在 3%～25%，平均为 12.04%，主体分布在 5%～20%，占总样品数的 88.9%，含气饱和度小于 5% 的频率为 3.7%，含气饱和度分布在 20%～25% 和 25%～30% 的频率相等，为 3.7%。总体上，含气饱和度频率相差较大，峰值明显（图 5.23）。

总体上，含气饱和度统计分布所体现的特征跟所处的构造位置有很大的关系，四川盆地内牛蹄塘组发育于盆地构造稳定区，具有埋藏深度大、地层倾角小、断裂不发育、地形简单等特征，据统计，构造稳定区含水饱和度低，相应的含气饱和度高，页岩气产量高(董大忠等，2009)。四川盆地周缘牛蹄塘组页岩分布连续性较差、地层倾角大、埋深变化幅度大、断裂发育且地形条件复杂，在地质历史

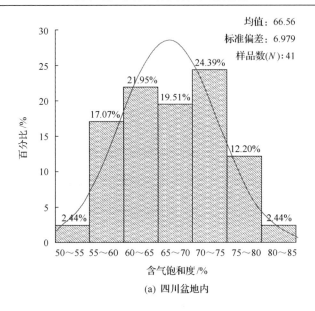

(a) 四川盆地内

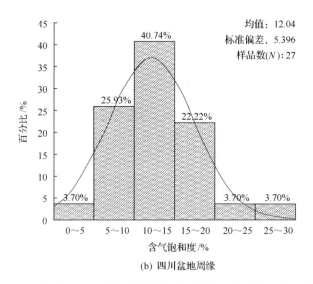

(b) 四川盆地周缘

图 5.23　四川盆地内和四川盆地周缘牛蹄塘组含气饱和度统计特征

时期经历过不同幅度的构造抬升，盆地周缘被改造变形严重，对含气饱和度有较大的影响，因此，该区域尤其是构造活动较强烈的区域含水饱和度高，含气饱和度低，页岩气产量低。

5.3.2　含气组分

通过气相色谱实验可知，上扬子地区下寒武统牛蹄塘组富有机质页岩解吸气

组分主要以 N_2 为主, 其次为 CH_4, 还含有少量的 C_2H_6、C_3H_8 和 CO_2(图 5.24),
同时 CH_4 含量的高低存在明显的地区差异性, 天星 1 井和松页 1 井气体组分主要
以 CH_4 为主, 其次为 N_2, 其他组分如 C_2H_6、C_3H_8 和 CO_2 含量比较少。页岩气中
的 N_2 最易于解吸, 吸附力较强的 CH_4、C_2H_6、C_3H_8 和 CO_2 较难解吸, 组分含量
随解吸时间逐渐增加。虽然调查井页岩气组分主要以 N_2 为主, 但是其 CH_4 含量
也有 20% 左右, 如麻页 1 井、岑地 1 井。而凤参 1 井下寒武统牛蹄塘组 N_2 含量高
达 80%, 分析认为 N_2 含量高可能与发育沟通深部的大断裂、中上部破碎带被热液
方解石充填与后期热液活动顺断层带入有关。同时 CH_4 含量过低, 可能与保存条
件遭到破坏有关。

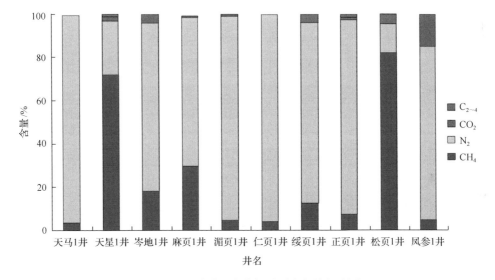

图 5.24 牛蹄塘组富有机质页岩气体组分图

从四川盆地威远、涪陵、富顺—永川和长宁—昭通 4 个区块龙马溪组页岩气
组分含量数据可以看出(图 5.25), 威远区块龙马溪组页岩气组分中甲烷含量占绝
对优势, 为 95.52%~99.27%, 平均为 97.79%; 含少量的乙烷, 其含量为 0.32%~
0.68%, 平均为 0.46%; 部分样品含微量的丙烷, 含量为 0.01%~0.02%, 平均为
0.01%; 丁烷及更重烷烃均未检测到; 湿度系数(C_{2-5}/C_{1-5})低, 为 0.34%~0.70%,
平均为 0.47%, 为典型的干气。非烃气整体含量很低, 主要为 CO_2 和 N_2, 其中,
CO_2 含量为 0.02%~1.07%, 平均为 0.72%; N_2 含量为 0.01%~2.95%, 平均为 1.36%,
所有样品均未检测到 H_2S。

涪陵区块龙马溪组页岩气组分中甲烷含量为 97.67%~98.95%, 平均为
98.57%; 乙烷含量为 0.57%~0.74%, 平均为 0.67%; 丙烷含量为 0.01%~0.05%,
平均为 0.03%, 未检测到丁烷。湿度系数(C_{2-5}/C_{1-5})低, 为 0.59%~0.78%, 平

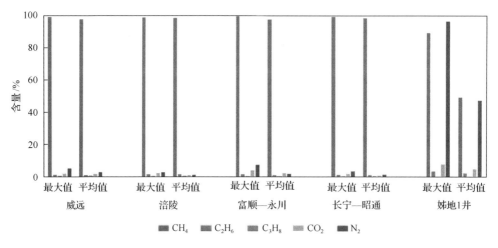

图 5.25　南方海相页岩气气体组分对比图

均为 0.69%，也属于典型的干气。非烃气整体含量也很低，主要是 CO_2 和 N_2，CO_2 含量为 0.02%～1.16%，平均为 0.26%；N_2 含量为 0.32%～1.36%，平均为 0.52%，未检测到 H_2S。

富顺—永川区块龙马溪组页岩气组分中甲烷含量为 95.32%～99.59%，平均为 97.79%；乙烷含量为 0.23%～0.71%，平均为 0.44%；丙烷含量为 0.01%～0.03%，平均为 0.01%，同样未检测到丁烷。湿度系数(C_{2-5}/C_{1-5})低，为 0.24%～0.72%，平均为 0.46%，也属于典型的干气。非烃气主要是 CO_2 和 N_2，CO_2 含量为 0.06%～1.74%，平均为 1.03%；N_2 含量为 0.01%～4.05%，平均为 0.87%，未检测到 H_2S。

长宁—昭通区块龙马溪组页岩气组分中甲烷含量为 97.11%～99.45%，平均为 98.76%；乙烷含量为 0.09%～0.58%，平均为 0.46%；丙烷含量为 0.01%～0.10%，平均为 0.02%，未检测到丁烷。湿度系数(C_{2-5}/C_{1-5})低，为 0.09%～0.61%，平均为 0.48%，是典型的干气。非烃气主要是 CO_2 和 N_2，CO_2 含量为 0.01%～0.91%，平均为 0.29%；N_2 含量为 0.03%～1.79%，平均为 0.56%，未检测到 H_2S。

四川盆地龙马溪组页岩气与秭归地区水井沱组页岩气相比，前者烃烃气含量明显高于后者，非烃气尤其是 N_2 含量明显低于后者。四川盆地不同区块龙马溪组页岩气组成比较而言，长宁—昭通区块龙马溪组页岩气烷烃气含量高，其 CH_4 含量也均较其他区块高，而涪陵区块 C_2H_6 和 C_3H_8 含量较其他区块高。

5.4　含气量变化及影响因素

5.4.1　含气量变化

通过现场解吸原始记录室内处理来计算解吸气量(图 5.26)，之后通过拟合现场解吸数据来计算岩心样品在提升过程中的损失气量，其中直线拟合法和多项式拟合法可以作为判断页岩含气量上下界限的评价指标。

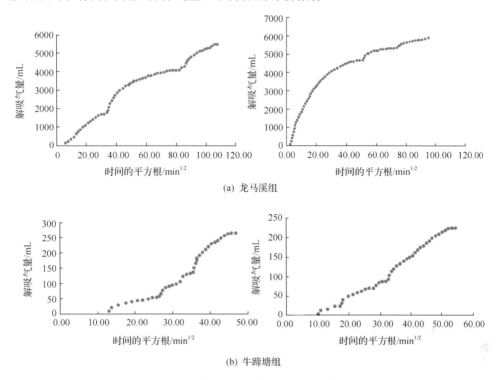

(a) 龙马溪组

(b) 牛蹄塘组

图 5.26 龙马溪组和牛蹄塘组解吸气量对比

对比各井不同层位岩心样品直线回推法所得到的数据可知，牛蹄塘组页岩损失气量一般大于龙马溪组页岩的损失气量。牛蹄塘组直线法得出的损失气量最大，损失气量范围为 0.05～0.68m³/t；龙马溪组直线法得出的损失气量为 0.03～0.52m³/t。

用直线法得到的习页 1 井总含气量为 1～4m³/t、仁页 2 井为 0.2～0.5m³/t。含气量值中各成分所占百分比的分析结果显示，各岩心的总含气量中残余气含量均占有较大比例，残余气含量所占百分比为 46%～94%（图 5.27）。仁页 2 井残余气含量较高，其中 850～870m 段残余气含量可以到达 90%～96%；习页 1 井的残余气含量相对较低，主要占 54%～77%。

通过对两套层系调查井进行的现场解吸含气量统计分析（图 5.28）表明，各组数据均呈现出随深度增加，解吸气量逐渐增加的趋势，这一结果对现阶段牛蹄塘组浅井解吸气量较小这一事实有了更好的解释，即对于牛蹄塘组，要想得到较高的含气量，要提高钻井深度，并且以现阶段的经验和数据表明，要在 600m 以深才有可能在牛蹄塘组得到较高的解吸气量。另外，各页岩层系现场解吸气量结果对比分析也表明，龙马溪组含气效果优于牛蹄塘组。

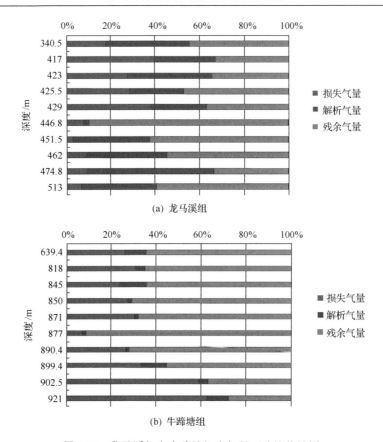

图 5.27　龙马溪组和牛蹄塘组含气量百分比统计图

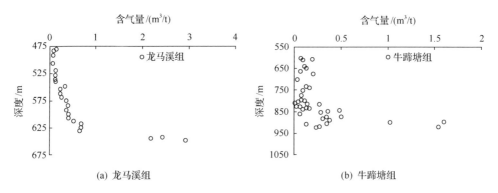

图 5.28　龙马溪组和牛蹄塘组解吸气量随深度变化图

上扬子地区下寒武统牛蹄塘组黑色页岩吸附气量为 $0.2\sim7.9\mathrm{m^3/t}$,平均为 $2.7\mathrm{m^3/t}$。其中小于 $0.5\mathrm{m^3/t}$ 的仅占 5.9%,分布在 $0.5\sim1\mathrm{m^3/t}$ 的占 11.7%,分布在 $1\sim2\mathrm{m^3/t}$ 的占 23.6%,大于 $2\mathrm{m^3/t}$ 的占 58.8%,其中吸附气含量大于 $4\mathrm{m^3/t}$ 的占 23.5%(图 5.29),

整体表现出优异的吸附含气能力。此外，在平面上，吸附气含量较好的页岩主要分布在川南的自贡—泸州—宜宾、黔北的岑巩—松桃、渝东南的秀山—黔江、鄂西的恩施—咸丰、川北的广元—南江地区，最大吸附气量基本都大于 $2m^3/t$，其中黔北的岑巩—松桃大部分地区吸附气含量均大于 $3m^3/t$。

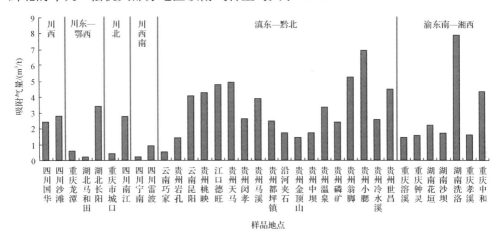

图 5.29 牛蹄塘组黑色页岩最大吸附气量

上扬子地区下志留统龙马溪组黑色页岩吸附气量为 $0.2\sim7.1m^3/t$，平均 $2.16m^3/t$。其中小于 $0.5m^3/t$ 的仅占 2.3%，分布在 $0.5\sim1m^3/t$ 的占 20.9%，分布在 $1\sim2m^3/t$ 的占 39.5%，大于 $2m^3/t$ 的占 37.3%，吸附气含量大于 $4m^3/t$ 占 13.9%(图 5.30)。在平面上，页岩吸附气含量高值区主要分布在川南的泸州—宜宾、黔北的道真、渝东的武隆—石柱、湘西的龙山—张家界、鄂西的宜宾、川西的广元—南江、川(渝)北的城口—渝东北的巫溪地区，最大吸附气量基本都大于 $2m^3/t$。

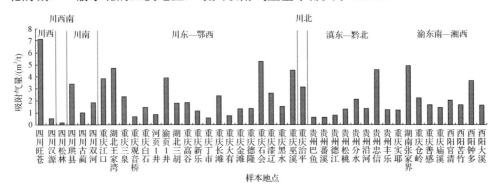

图 5.30 龙马溪组黑色页岩最大吸附气量

整体来看，上扬子地区沉积中心区下古生界两套黑色页岩吸附气量都很高，平均都大于 $2m^3/t$，显示了具有较好的吸附性能，与美国 Ohio、New Albany 页岩的吸附气量相当，具备了页岩气成藏的有利条件。此外，高值区和高有机碳含量页岩发育区都具有较好的对应关系，反映了页岩有机碳含量对页岩吸附气量的控制作用。

5.4.2　影响因素

1. 构造条件

构造作用对页岩含气量的影响包括构造特征及构造演化特征两方面。

构造演化过程反映页岩层系经历的地质变化，对其生气过程及页岩气赋存均有重大影响，页岩地层在达到生烃门限后未经历剧烈的地质运动，且未遭受到大规模抬升剥蚀过程，则其构造演化史对页岩气赋存有利；若地层从未深埋、未达到生烃门限，或大量生烃后被剧烈改造，被抬升剥蚀或有大量开放性断层发育，均不利于页岩含气。

构造特征则是直接对页岩层系现今构造情况进行研究。大型断裂带中心位置的页岩层系多含气量较低，断层及断层网络易造成页岩中气体连通地表或沿断层发生运移，导致页岩层系中含气量降低。构造作用对含气量也会起到积极作用，在距离断裂带一定距离，在影响范围内但构造整体稳定的区域，地应力较大，能够在页岩中形成丰富的裂缝及裂缝网络，有利于页岩气的赋存；封闭性断层有时也能够形成断层遮挡，阻止页岩中气体的逸散和运移，有利于页岩气的赋存(陈章明等，1988)。

上扬子地区下古生界海相页岩层系，自沉积以来经历了多期构造事件，尤其是印支以来的构造事件，在不同的地区所引起的抬升与沉降、剥蚀与沉积的差异性明显，从而也引起下古生界海相层系富有机质页岩具有明显的地区差异性。其中，滇东—黔北、渝东南—湘西和川东—鄂西高陡构造区以区域性的构造高幅抬升，以及强烈挤压为特点，古生界地层埋藏浅、变形严重、破坏强烈，现今构造形态多表现为高陡状褶皱，导致现今中生界地层只有少部分残留；川南和川西南低缓构造区以区域隆升为特点，下构造层埋深较浅而上构造层厚度较薄，整体上表现为相对低缓平坦的现今构造形貌；川西低缓构造区和川中低平构造区古生界地层埋深较大且相对较薄，以中、新生代前陆盆地发育为特点，晚三叠世以来陆相碎屑发育，区域构造表现平缓；川北低缓构造区以区域构造隆升为特点，下古生界地层厚度适中，埋深变化较大。构造作用对页岩含气量的影响需要根据具体页岩层系具体情况进行具体分析，不能够简单定义为有利或不利。

以上扬子板块贵州地区为例,扬子地台历经多期次构造活动,自志留系沉积以来,经历了加里东、印支、燕山和喜山四次大的构造事件,对扬子地区页岩地层的富集、保存产生了重大影响。贵州地区褶皱、断裂发育,构造比较复杂,从目前钻井揭示的页岩含气量情况来看(图 5.31),同一层系内,构造较为稳定区域的钻井揭示的页岩含气量相对较高:牛蹄塘组钻井仁页 2 井、麻页 1 井、绥页 1 井及湄页 1 井中,麻页 1 井明显高于其他;五峰—龙马溪组钻井习页 1 井、桐页 1 井及道页 1 井中,道页 1 井现场解析含气量均较理想,而习页 1 井虽然位于构造较为活跃区域,但页岩含气量仍然较为理想。

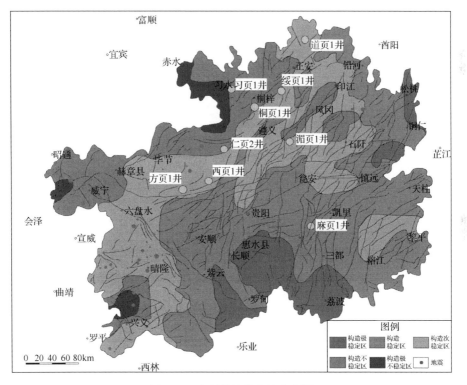

图 5.31　贵州构造稳定性分布图

2. 沉积环境

沉积环境对页岩含气量的影响也是多方面的。从页岩气生成的角度分析,具有一定水体深度,水体较为安静,有丰富生物的环境有利于有机质的生成,还原环境下有机质易于保存,这是页岩气生成的物质基础。从页岩气赋存的角度分析,物性较好的岩石更有利于页岩气赋存,深水沉积中含碳酸盐岩的页岩脆性较大,易发育裂缝及次生溶蚀孔隙,形成较好的储集物性,过渡相带的含粉砂质条带或粉砂质含量较高的泥页岩自身储集物性较好,有利于页岩气赋存。从页岩气保存角度分析，含气页岩层系上伏地层具有较好的封盖能力的情况下，更有利于页岩气保存，即退积体系的沉积演化模式有利于页岩气的赋存(陈兰，2005)。

　　早寒武世牛蹄塘组沉积期，上扬子地区大部分为陆棚沉积，具备形成了黑色富有机质页岩的良好条件。在快速海进和缓慢海退的沉积背景下，早期为深水陆棚沉积，后期水体逐渐变浅，向浅水陆棚及潮坪演化。在早期深水陆棚发育了牛蹄塘组黑色富有机质页岩(赵宗举等，2003；马力等，2004)。奥陶系地层沉积具有碳酸盐岩与泥质岩频繁交替的沉积特点。其中，上奥陶统五峰组为富含笔石和有机质的黑色页岩，厚度一般不足 20m，但分布稳定，与上覆下志留统龙马溪组黑色页岩连续沉积。下志留统龙马溪组富有机质页岩形成于闭塞、半闭塞滞留海盆环境，为一套浅水—深水陆棚相沉积(图 5.32)。以贵州地区牛蹄塘组为例，主要发育深水、浅水陆棚相，沉积相变少，岩性变化不大，整体呈现深水陆棚相沉积页岩含气量较大的趋势(图 5.32)。

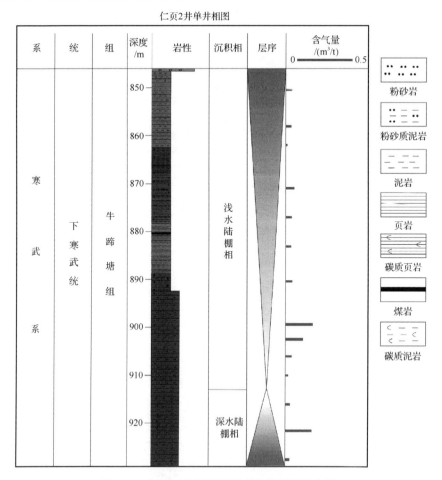

图 5.32　仁页 2 井沉积相及含气量相关性分析

3. 页岩有机地化指标

有机质作为泥页岩的重要组成部分，对页岩含气量有着不容忽视的影响，而有机质类型、有机质丰度及有机质的热演化程度又从不同的方面影响着页岩含气量。其中，不同类型的有机质，其微观组成也不一样，其对页岩气体含量的影响也有所不同。一般来说，Ⅲ型干酪根的吸附能力大于Ⅱ型干酪根，而Ⅱ型干酪根的吸附能力又大于Ⅰ型干酪根。鉴于上扬子地区下古生界黑色页岩有机质类型以偏生油型的Ⅰ型干酪根为主，因此，此处主要考虑有机质丰度及有机质热演化程度对吸附气含量的影响(涂建琪和金奎励，1999)。

1) 有机质丰度

高有机质丰度既是页岩大量成烃的物质基础，也是页岩气吸附所需的重要载体，决定了页岩原地含气量潜力的大小。有机碳含量作为有机质丰度评价的一个重要指标，对于页岩油气资源潜力评价具有重要意义，在达到一定热演化程度条件下，页岩有机碳含量越高，生烃量越大，页岩气富集程度也就越高。因此，商业性页岩气藏应满足一定的有机碳含量最低界限标准。北美页岩气生产实践表明，页岩总有机碳含量大于2%是页岩气商业性开采基本条件，其中美国主力产油气页岩层系有机质丰度均较高，页岩气层系TOC平均3%～6%，富含页岩油的页岩层系TOC一般为3%～6%。

通过对上扬子地区下古生界地表露头和井下岩心样品展开有机碳和等温吸附实验测试分析表明，下寒武统和下志留统黑色页岩吸附气含量均与有机碳同样呈正相关(图5.33)，有机碳含量越高，吸附气含量也就越高，这说明有机碳含量对于页岩吸附气含量具有明显的控制作用。前人研究表明，页岩有机质中发育大量的纳米级有机质孔隙，且有机质孔隙多具有微孔的特征(Rouquerol et al.，1994)，即孔隙直径一般小于2nm，这些大量发育的纳米级有机质孔隙能够为天然气的赋存提供大量的吸附表面和空间，并且随着成熟度的增加，有机质孔隙结构发生变化，导致微孔变成中孔甚至宏孔，使得孔隙内表面积增大，相应的页岩吸附气量也增加。

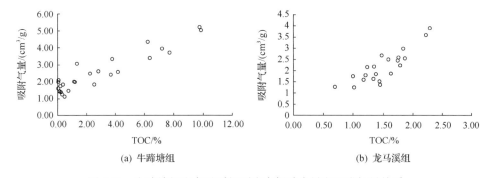

(a) 牛蹄塘组

(b) 龙马溪组

图5.33 牛蹄塘组和龙马溪组页岩有机碳含量和吸附气量关系

2) 有机质成熟度

页岩气的生成可来源于生物作用、热成熟作用及其混合作用。在热成因的页岩中，有机质的成熟度(R_o)是用来评价烃源岩的生烃潜能。对于 I 型或 II 型干酪根来说，R_o 在 0.7%～1.1%，是主要生油窗期；$R_o>1.1$%后，页岩油开始裂解生气；当 $R_o>3$%后，有机质进入过成熟期，生气量明显减少。R_o 介于 1.1%～3%的范围是热成因型页岩气藏的有利分布区。对于生物成因的页岩气，生烃受有机质热成熟度的影响较小，页岩 R_o 越高，TOC 越低，反而越不利于生物气的形成。根据 Michigan 盆地 Antrim 页岩气藏和 Illinois 盆地 New Albany 页岩气藏的分布规律，生物成因型页岩气藏主要分布在 $R_o \leqslant 0.8$%的范围内。

尽管国内外学者均把成熟度当成页岩气成藏的重要评价指标，但对于成熟度与吸附气量的关系则有不同的认识。有研究认为随着有机质成熟度的增加，暗色泥岩中的有机质生烃形成大量纳米孔隙，导致比表面积的增加，甲烷的吸附能力也随之增加，两者呈正相关关系。但是 Gasparik 等(2014)认为有机质成熟度与吸附气量之间的正相关关系仅在一定范围内满足，即当 $R_o<2.5$%时，吸附气量随有机质成熟度的增加而增加，而当 R_o 大于 2.5%后，甲烷的吸附能力有随着成熟度增加而逐渐降低的趋势。而 Chalmers 和 Bustin(2007)研究认为，吸附气量与成熟度之间呈负相关关系，随着有机质成熟度的增加，有机质热解生烃导致有机碳含量的降低是该现象的主要原因。从下寒武统牛蹄塘组泥页岩吸附气量和成熟度关系可以看出，成熟度(R_o)在 3.5%左右时，吸附气含量达到最大值区域，平均超过 2.0m³/t。然而，在 R_o 小于 2%和大于 4%时，吸附气含量有不同程度的降低[图 5.34(a)]。此外，与牛蹄塘组泥页岩不同的是，下志留统龙马溪组泥页岩与成熟度表现出正相关关系[图 5.34(b)]，这可能与有机质成熟度增加后大量有机质孔的形成有关。由此可以看出，无论成熟度高低，在页岩层中，均有吸附气赋存，甚至形成页岩气藏。值得讨论的是本研究缺少 $R_o<1$%的样品值，倘若补充 $R_o<1$%的数据，关系或许会变化。

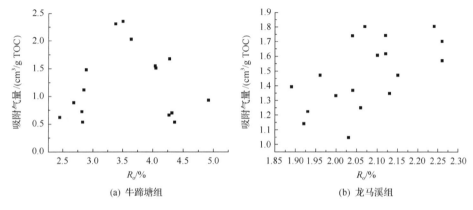

(a) 牛蹄塘组　　　　　　　　　　(b) 龙马溪组

图 5.34　牛蹄塘组和龙马溪组页岩 R_o 和吸附气量关系

4. 矿物组成

页岩的矿物组成与沉积环境关系紧密，因此矿物相对含量能够在一定程度上反映沉积环境，此外，矿物成分对页岩储集特征具有一定影响，因此，矿物成分对页岩含气量的影响实质反映了沉积环境和储集物性对含气性的影响。

1) 石英

石英含量的多少影响着页岩的含气性，随石英含量的增加，黑色页岩的吸附气量是增加的。下寒武统和下志留统两套黑色页岩主要为浅海—深海陆棚沉积 (梁狄刚等，2009)，少量为热水沉积，沉积水深比较大，距离物源较远，在远离海岸的沉积环境中，在陆源碎屑、碳酸盐台地物质与表层水浮游生物体含量都十分稀少的情况下，岩石主要由海水中缓慢沉降的 SiO_2 形成，主要为硅质岩沉积，越靠近深海，硅质含量越高，泥质含量越低，石英含量高。这种沉积环境有利于有机质的富集，硅的含量与有机碳呈正相关，即石英含量和有机碳含量呈正比，随石英含量的增加，有机碳是增加的，而有机碳含量和吸附气量呈正比[图 5.35(a)]。但是，通过比较石英含量与单位有机碳含量的页岩吸附气量时，石英含量与吸附气量又表现出明显的负相关关系[图 5.35(b)]。因此，单从石英对于页岩吸附能力的影响来讲，其含量增加能够明显降低页岩的吸附能力，这主要是由于石英等脆性矿物对于甲烷的吸附能力非常低造成的。而两者的正相关性只能够用于评价本地区页岩吸附能力的相对大小，不能用于判断石英对页岩吸附能力的贡献。

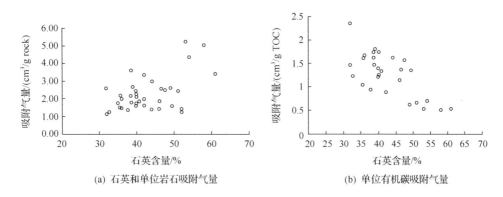

(a) 石英和单位岩石吸附气量   (b) 单位有机碳吸附气量

图 5.35 石英和单位岩石吸附气量与单位有机碳吸附气量的关系

2) 黏土矿物

由于诸如伊利石的铝酸盐矿物的微孔有吸附天然气的能力，因此黏土矿物含量对吸附气量同样有影响 (张寒等，2013)。通过对比黏土矿物含量与吸附气量后发现，黏土矿物总量与吸附气量呈负相关，这主要是由于有机碳含量与吸附气量呈很强的正相关关系，而有机碳含量与黏土矿物含量呈很强的负相关关系，由此决定了吸附气量和黏土矿物含量呈负相关关系(图 5.36)。但是通过对比黏土矿物含量与单位有机碳含量下的吸附气量后发现，黏土矿物对页岩吸附气量为呈相关关系(图 5.37)，因此说明黏土矿物对页岩的吸附能力能够起到一定的积极作用，与其发育有大量的微观层间结构有着密切关系。与上述讨论一样，两者之间的负相关关系在本地区只能够指示页岩相对吸附气量的大小，不能用于判断其对页岩吸附能力的贡献。

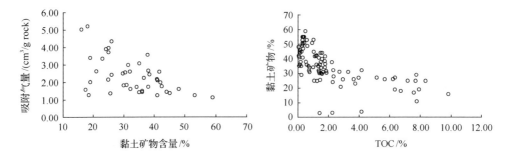

图 5.36　黏土矿物含量和吸附气量与有机碳含量的关系

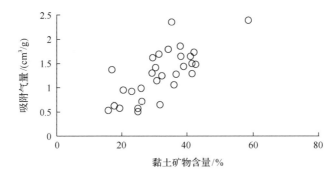

图 5.37　黏土矿物含量与吸附气量的关系

3) 碳酸盐岩

碳酸盐岩主要包括方解石和白云石，通过对比碳酸盐岩含量和单位有机碳的吸附气量后发现，碳酸盐岩含量与吸附气量的关系不明显，呈现微弱的负相关关系(图 5.38)。同石英相类似，碳酸盐矿物作为脆性矿物对甲烷的吸附能力很弱。因此，随着碳酸盐岩含量的增加吸附气量是减少的，表现为负相关关系。此外，页岩中碳酸盐矿物一般多以胶结物的形式出现，充填了微裂缝和微孔隙，一方面降低了供天然气吸附的颗粒比表面积，另一方面也堵塞了甲烷气体运移至吸附位的通道，是影响页岩吸附气量的两个主要原因。

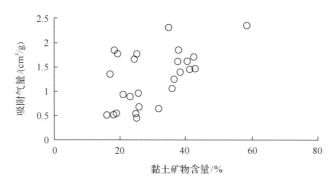

图 5.38 碳酸盐含量与吸附气量关系

4) 黄铁矿

原生黄铁矿是强还原沉积环境的重要标志矿物,指示了页岩当时的沉积环境有利于有机质的保存。实验结果表明,黄铁矿含量与吸附气量呈正相关,这主要还是因为黄铁矿与有机碳含量呈很好的正相关,而有机碳含量又是影响吸附气量的重要因素,因此,黄铁矿含量与吸附气量同样呈正相关[图 5.39(a)],但通过对比黄铁矿含量和单位有机碳的吸附气量后发现,黄铁矿与吸附气量呈负相关[图 5.39(b)]。因此,尽管从指示含气量大小趋势上,两者呈现正相关,而其作为脆性矿物则对于泥页岩的吸附能力为负相关。有研究表明,根据岩心中铁离子的含量变化能够预测气体聚集的有利区(Shiley et al.,1981)。因此,可以根据黄铁矿的富集程度来预测页岩的沉积环境、有机碳含量及页岩含气有利区。

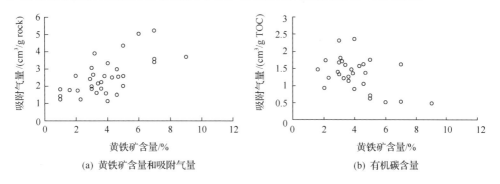

(a) 黄铁矿含量和吸附气量   (b) 有机碳含量

图 5.39 黄铁矿含量和吸附气量与有机碳含量的关系

5. 页岩储集物性

页岩不仅是页岩气的烃源岩,亦是页岩气的储集层,因此,页岩的储集特征对页岩含气量也有重要的控制作用。储集空间类型包括粒间孔隙、溶蚀孔隙、裂缝等这类普遍连通性较好的孔隙,可能形成有效孔隙,对页岩含气及后期开发都具有更加积极的意义,而有机质孔隙的大量生成则能够有效改善储层的物性特征,并能够提供大量吸附态页岩气的赋存空间(表 5.2),对页岩含气量增加有重要意义。

表 5.2　典型层系储集空间类型特征

层系	微观孔隙类型比例/%						
	无机孔隙				有机质孔隙		裂缝孔隙
	粒间孔隙	粒内孔隙	晶间孔隙	溶蚀孔隙	生烃孔隙	溶蚀孔隙	裂缝孔隙
龙马溪组	20	25	15	10	10	5	15
牛蹄塘组	35	20	15	15	5	2	8

页岩中丰富的各类孔隙可用于游离态天然气的储集,孔隙度大小直接控制着游离态天然气的含量(聂海宽等,2009)。一般来说,孔隙体积越大,所含的游离气量就越高。研究发现,当孔隙度从 0.5%增大到 4.2%时,游离态气体的含量从原来的 5%上升到 50%。相对于大孔隙而言,微孔对吸附态页岩气的存储具有重要影响。微孔总体积越大,比表面积越大(钟玲文等,2002),对气体分子的吸附能力也就越强,孔隙度与页岩的气体总含量之间呈正相关,即页岩的气体总含量随页岩孔隙度的增大而增大。根据上扬子地区下古生界海相页岩孔隙参数及含气量数据,将页岩吸附气量与孔隙度、BJH 总孔体积进行相关性分析,发现孔隙度与吸附气量的线性关系不明显[图 5.40(a)]。对于页岩这种致密储层,压汞实验只能有效测定毫米及少量微米级的孔隙,多为微裂隙或粒间孔隙,这些类型的孔隙尺度相对较大,能够更多地为游离气提供赋存空间,这可能是吸附气量与孔隙度线性关系不显著的原因。有机碳含量对页岩吸附气量的控制作用得到了国内外学者的普遍认可,在此基础之上,结合 BJH 总孔体积,认为下古生界高过成熟页岩在成岩过程中,随着热演化程度的增加,自身有机质、矿物颗粒及基质产生了微观孔隙,BJH 总孔体积与吸附气量的线性正相关说明这些孔隙有助于吸附态页岩气的储集[图 5.40(b)]。

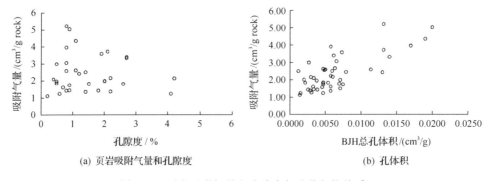

图 5.40　页岩吸附气量和孔隙度与孔体积的关系

裂缝在页岩气藏中的具体作用很多学者都进行过研究(Curtis，2002；Montgomery et al.，2005；Bowker，2007)。裂缝发育程度是决定页岩气藏品质的重要因素。一般来说，裂缝较发育的气藏品质也较好。但裂缝的发育对含气页岩层系同时也可能具有破坏作用，在裂缝网络与地表水、地下水等连通时，则会造成气体逸散，大大破坏页岩气的保存，造成页岩含气量降低。

裂缝发育程度主要影响游离气含量，在现场解析实验过程中发现，直接出气量较大的都是发育微细裂缝的层段，证明了裂缝发育对游离含气量的有利作用。

6. 含水量

含水量在很大程度上影响页岩气的含气量(吸附+游离)，如果页岩的孔隙度被水占据，则孔隙度就是去储存天然气的能力，但是根据美国业已开采页岩气的情况，这只是一种假设，实际上页岩气井产水很少，尤其是热成因的页岩气聚集。因此，含水量对游离态天然气含量的影响较小，其主要影响着吸附气量的大小。根据重庆城口修齐下寒武统和四川珙县双河下志留统两块黑色页岩干燥吸附和饱和水吸附的对比可知，干燥页岩吸附态天然气的含量比饱含水页岩样品的吸附气量大，其中下寒武统样品干燥样品比饱含水样品在 0.7MPa、1.7MPa、2.9MPa 和 4.1MPa 分别多吸附 $0.07m^3/t$、$0.15m^3/t$、$0.21m^3/t$ 和 $0.26m^3/t$，下志留统样品干燥样品比饱含水样品在 0.7MPa、1.7MPa、2.9MPa 和 4.1MPa 分别多吸附 $0.41m^3/t$、$0.69m^3/t$、$0.85m^3/t$ 和 $0.96m^3/t$。

页岩的含水量直接影响着吸附态天然气的含量。岩石润湿后，因为水比气吸着性能好，从而会占据某些活性表面，孔隙或孔隙喉道很可能被水分阻塞，导致甲烷接触不到大量的吸附区域，大大降低了其吸着容量。虽然已经观察到随着含水量的增加甲烷吸附气量通常是减小的，但是在含水量和甲烷吸附气量之间还不能建立起直接的关系，只是说明在已给定区域含水量对甲烷吸附气量的影响比其他因素起的作用更大。对于细粒砂岩而言，当细粒砂岩含水量为 21%时，表面自由能减少 5.5 倍(相对于空气干燥过的砂岩)，而含水量为 10%时，减少 3 倍，随着含水量的增加，大部分气体转入水溶态中，用烃气进行的实验表明，自含水饱和度大于 8%开始，岩石的吸附能力降低最明显。

此外，含水量往往随着页岩成熟度增加而减小。密执安盆地 Antrim 页岩、伊利诺斯盆地 New Albany 页岩，以及阿巴拉契亚盆地北部湖区 Ohio 页岩的含水量均较大，含水饱和度较高，而演化程度较高的阿巴拉契亚盆地南部 Ohio 页岩、圣胡安盆地 Lewis 页岩和福特沃斯盆地 Barnett 页岩(平均含水饱和度为 25%)则含水较少(Bowker，2003)。含水太多将降低气体的生产速度，并且还会影响产出效果，所以成功的页岩气产区应该是产水较少的区域。

7. 温度、压力和深度

除了泥页岩的有机和无机组成作为内在因素对吸附气量产生影响以外,温度、压力和深度作为外在因素同样会对页岩吸附气量造成影响。通过观察等温吸附试验结果表明,在等温条件下,泥页岩样品的吸附气量随着压力的增加而增加,其中在压力增长的初期,即低压阶段,吸附气量随压力的增长而变化较快,而到了高压阶段,吸附气量随压力的增加而逐渐呈现零增长的趋势,整体反映出一个随着压力的增加而吸附气量逐渐达到饱和的过程。此外,前人研究表明,低温条件下的泥页岩样品的吸附气量要高于高温条件下泥页岩样品的吸附气量,表明随着温度的降低而吸附气量有逐渐增加的趋势,而原因在于甲烷气体在页岩有机质表面吸附是一个放热过程。

压力和温度作为深度的函数,其随着泥页岩深度的变化而变化,在垂向上决定了各相态天然气的相互转化,并最终影响页岩气的富集和产量。研究表明,泥页岩吸附气量随着地层埋深的增加而增加,并在一定深度条件下达到最大值,该阶段内压力对吸附量的影响大于温度,吸附态天然气含量相对较高;随着深度的继续增加,压力和温度也持续增加,吸附气量呈现逐渐减小,而游离气量逐渐增加的趋势,该阶段内温度对吸附气量的影响大于压力,游离态天然气含量相对较高。但是含气量随埋深整体变化表现出浅层快速增加、深层逐渐平缓的变化特征。

5.4.3　含气量预测

上已述及,含气量对页岩含气性评价和资源储量预测具有重要的意义。某一地区含气量的获取可以更好地指导生产实践和制定下一步计划,因而如何快速准确地获取含气量,达到快速预测含气量的目的则变得尤为重要。页岩含气量主要包括游离气含量和吸附气含量,通过对游离气和吸附气影响因素的分析,得到页岩游离气含量和吸附气含量的理论计算值,两者之和即为页岩含气量理论值。

其中,页岩游离气含量的影响因素有孔隙度、含气饱和度、密度、压力、温度。页岩孔隙度 φ_g 随深度变化关系十分复杂,在压实平衡的条件下,随深度呈指数函数关系,在非正常压实情况下,页岩孔隙度随深度变化关系难以确定。此处只针对页岩孔隙度进行讨论,不考虑深度和其他因素对孔隙度的影响。将孔隙度划分为1%,2%,…,9%,10%十种情况进行页岩气中游离态天然气的计算。假设页岩孔隙中充满了气体(含气饱和度为100%,即 S_g=100%),并将不同有机质类型对页岩游离气含量的影响考虑在内。页岩气中游离气含量 $q_{游}$ 计算公式(5.2)如下:

$$q_{渗} = k \frac{\varphi_g S_g}{\rho B_g} \tag{5.2}$$

式中：φ_g 为含气页岩孔隙度，%；S_g 为含气饱和度，%；ρ 为页岩密度，g/cm^3；B_g 为体积系数，无量纲；k 为（不同有机质）类型系数，无量纲，其中，

$$B_g = V_g \Big/ V_{sc} \tag{5.3}$$

式中，V_g 为地层条件下 n mol 气体的体积，m^3；V_{sc} 为地面标准状态下 n mol 气体的体积，m^3；地面标准状态下的天然气体积可用理想气体状态方程 $P_{sc}V_{sc} = nRT_{sc}$ 导出，地层条件下的天然气体积可用压缩因子状态方程 $PV_g = nZRT$ 导出，其中 n 为气体摩尔数，kmol；T 为地层温度，K，T=273.15+t；P 为地层压力，MPa；R 为摩尔气体常数；标准状态 P_{sc}=0.101325MPa；T_{sc}=(273.15+20)℃，Z 为压缩因子，所以：

$$B_g = \frac{P_{sc}}{(20+273.15)} \times \left[\frac{Z(t+273.15)}{P} \right] = 3.456 \times 10^{-4} Z \left(\frac{t+273.15}{P} \right) \tag{5.4}$$

式中，t 为地层温度，℃；压缩因子 Z 可根据天然气的双参数压缩因子图版获得。所以：

$$q_{渗} = k \frac{2893.5\varphi_g S_g P}{\rho Z(t+273.15)} \tag{5.5}$$

前人研究表明，影响吸附气量的因素主要包括有机碳含量、压力、温度、有机质成熟度、总烃量和密度等，其中有机碳含量是吸附气量的主要影响因素。通过建立有机碳含量与 Langmuir 体积之间、Langmuir 体积与 Langmuir 压力的函数关系，即可得到等温条件下页岩 Langmuir 体积拟合公式（图 5.41、图 5.42）。之后，分别将得到的拟合公式代入 Langmuir 吸附方程后可得：

$$V = 0.5724 \times \text{TOC} + 0.0195 \times t + 0.0098 \quad P / (0.0773 \times \text{TOC} + 0.0026 \times t + 1.2883 + P \tag{5.6}$$

式中，地层压力 P(MPa)、地层温度 t(℃)可根据地温梯度、压力系数和深度进行计算。此处所取地温梯度为 3℃/100m，压力系数为 0.9。

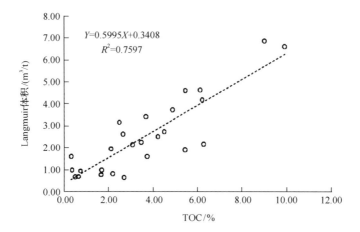

图 5.41　页岩有机碳含量与 Langmuir 体积关系

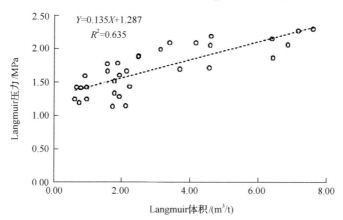

图 5.42　Langmuir 体积与 Langmuir 压力关系

　　根据 I 型干酪根页岩吸附气量计算公式与游离气含量计算公式可以得到页岩含气量 q 计算公式，即页岩总含气量：

$$q = k \frac{2893.5\phi_g S_g P}{\rho Z(t+273.15)} + \frac{(0.5724\text{TOC}+0.0195t+0.0098)P}{0.0773\text{TOC}+0.0026t+1.2883+P} \tag{5.7}$$

　　结合式(5.7)得到页岩含气量理论计算值，并得到不同有机碳含量和孔隙度情况下的含气量，以下举例为 I 型干酪根页岩有机碳含量 0.5%、1.0%、1.5%、2.0%、3.0% 和 4.0% 的情况下，孔隙度为 1%，2%，…，9%，10% 时页岩含气量随深度的变化图(图 5.43)。

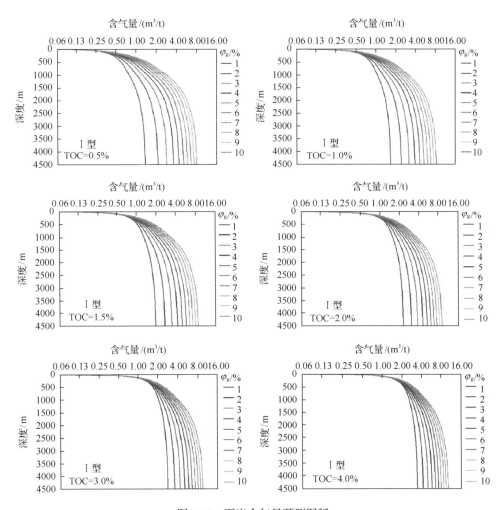

图 5.43　页岩含气量预测图版

6　页岩气富集及有利选区

上扬子地区下古生界页岩尽管有机质丰度普遍较高，但有机质成熟度一般都处于高—过成熟阶段，甚至很多地区热演化程度过高，被认为超过了有机质的生烃死限。加之研究区主要位于构造稳定的盆地区向构造变动强烈的盆山过渡带转换的地区，构造复杂、断裂较多、埋深变化大，因此寻找相对稳定且大面积分布的页岩难度较大。面对这种高成熟、构造复杂区的海相页岩，寻找大型页岩气聚集必须厘清各种特殊条件下的页岩气聚集机理，并在此基础上制定有利区选择的合适方法。

6.1　页岩气富集机理及主控因素

6.1.1　页岩气形成条件

泥页岩中天然气的赋存非常普遍，但要形成页岩气富集则还需要具备一定的地质条件。对页岩气来说，泥页岩本身既是气源岩又是储集层和封盖层，具有典型的"自生自储"和原地成藏特点，因此不需要考虑二次运移和常规的聚气圈闭等问题。形成页岩气富集的基本地质条件包括生气、储气及封存等三个主要方面。

1. 大规模的生气能力

由于页岩中富集的天然气难以从外部获得，故形成页岩气的首要条件就是页岩本身具备良好的大规模生气能力。富含有机质泥页岩中天然气的生成主要取决于岩石中原始沉积有机质的类型、有机质的丰度及有机质的热演化程度等(程鹏和肖贤明，2013)。

虽然上扬子地区下古生界海相页岩Ⅰ型干酪根以生油为主要特点，但热演化程度高，处于高—过成熟阶段，干酪根热解及已生成原油裂解所生成的天然气总量远远大于一般Ⅲ型干酪根，并且由于干酪根热解演化中间产物(原油、沥青及其他残余有机物等)的缓冲作用，Ⅰ型干酪根常可具有量大、时长、多样的生气过程和特点。尽管如此，要达到一定的生气强度和总生气量，还需要较高丰度的有机质作为前提基础。

研究区海相页岩的单层厚度大，分布面积广，整体分布规模较大。牛蹄塘组和龙马溪组的有机碳含量也都较高，具有丰厚的生烃物质基础。例如，牛蹄塘组页岩 TOC 一般为 0.04%～14.3%，平均为 3.45%；龙马溪组页岩 TOC 一般为

0.30%～7.97%，平均为 2.53%。

2. 良好的储气性能

页岩气具有游离和吸附的两重性。对于游离气，由于页岩的储集物性属于致密特点且天然气的生成模式为自生自储，故常规储层意义上互不连通的死孔隙、微孔隙属于页岩气重要的储集空间。而对于裂缝，它已不再仅仅是页岩气运移聚集的通道，更重要的是它作为储集空间而影响页岩的含气量。裂缝既可能是页岩气富集的积极因素，同时也可能是页岩气破坏的直接原因。根据 Barnett 页岩气开发经验，天然裂缝不但没有增加页岩的总含气量，而且它还降低了天然气的产能，Bowker（2003）统计认为，位于高裂缝发育区钻井的页岩气产能往往最差，在构造高点、局部断层或者喀斯特塌陷附近的钻井中，天然裂缝往往比较发育，但其中的页岩气产能往往比其他地区钻井要差，表现为生产能力下降和含水量提高。因此较好的孔隙度和适度的裂缝发育程度是页岩气具有良好储集性能的必要条件；由于吸附天然气可能占到页岩总含气量的 50%左右，故决定页岩吸附气能力的相关因素（如温压条件、有机质含量及黏土矿物组构等）也构成了页岩储集条件评价的重要指标。较高的有机质含量、与干酪根配套的有机质成熟度，以及适当的温压条件等也是页岩气富集的有利条件。

"甜点"（sweet spot）是指孔、渗物性相对较好且具有较大工业产能的天然气富集区带，而"黄油层"（butter）又表现为"甜点"的呈层分布，它们是非常规天然气勘探的主要目标。对于页岩气，"甜点"不应当仅指孔隙度发育的物性相对高值区，而且还应当包括具有优质生气能力且具有较高脆性矿物含量等特点的区带。

3. 良好的封存作用

页岩气虽然对盖层和保存条件的要求不高，但良好的封盖条件对工业性页岩气的富集无疑具有积极作用。页岩气赋存于页岩当中，由于大约半数的页岩气是以吸附方式存在，故页岩气具有较强的抗构造破坏能力，能够在常规储层气藏难以形成或保存的地区聚集。即使在构造作用破坏程度较高的地区，只要有天然气的不断生成，就仍然会有页岩气的持续存在。

特殊的赋存机理决定了页岩气藏所需的圈闭与保存条件并不像常规储层油气藏那样苛刻，因为储集介质致密，页岩本身就可以作为页岩气藏的封闭条件。在某些页岩气盆地中，页岩上、下覆致密岩石还可以对页岩气起到进一步的封盖作用，在 East Newark 气田，Barrnett 页岩上、下均被致密的碳酸盐岩所封闭，近年来已成为美国页岩气产量增长最快的区域（李新景等，2009）。

6.1.2　页岩气富集机理

Curtis(2002)对页岩气(shale gas)进行了界定，他认为页岩气在本质上就是连续生成的生物化学成因气、热成因气或两者的混合，它具有普遍的地层饱含气性、隐蔽聚集机理、多种岩性封闭，以及相对很短的运移距离。它可以在天然裂缝和孔隙中以游离方式存在，在干酪根和黏土颗粒表面上以吸附状态存在，甚至在干酪根和沥青质中以溶解状态存在。饱含于非常规的页岩储层中的天然气，以吸附状态存在于微孔隙和中等孔隙之中，也以压缩状态存在于大孔隙和天然裂缝之中。

张金川等(2004，2012)定义页岩气是主体以吸附和游离两种状态同时赋存于具有自身生气能力泥岩或页岩层系中的天然气。除了泥页岩本身以外，含气层段也包括了部分(粉)砂质和灰质夹层。页岩气聚集具有源岩储层化、储层致密化、聚气原地化、分布规模化等特点，是非常规储层天然气中的重要类型，其规模和数量的准确评价相对困难(刘丽芳等，2005)。

页岩气富集机理主要体现在以下 8 个方面。

(1)多种天然气成因类型。页岩气可以是生物化学成因气、热成因气或两者的混合，具体可能包括了通常所指的生物气、低熟—未熟气、成熟气、高熟—过熟气、二次生气、过渡带作用气(生物再作用气)，以及沥青生气等多种类型。这一特点为页岩气的形成提供了广泛的物质基础。

(2)天然气赋存介质。页岩中的天然气主体以游离态和吸附态存在于泥页岩中，前者主要赋存于页岩孔隙和裂缝中，后者则主要赋存于有机质、干酪根、黏土矿物及孔隙表面上。此外还有少量天然气以溶解态存在于泥页岩的干酪根、沥青质、液态原油及残留水中。在页岩气中，将通常以"源岩"方式出现的泥页岩作为"储集层"进行对待，必定将为页岩气的成藏、富集、评价、开发、生产等方面的研究和生产带来许多特殊性。

(3)储集物性致密。泥页岩基质孔隙度一般小于 10%，属于典型的致密储层($\Phi \leqslant 12\%$)。当考虑裂缝等因素时，泥页岩的总孔隙度(孔隙+裂缝)也仍属于致密储层范畴($\Phi \leqslant 14\%$)。这其中，有效的含气孔隙度一般只有泥页岩总孔隙度的大约 50%。故游离气是页岩气的重要构成部分，但又不是其中的唯一方式，具有工业价值页岩气的有效含气孔隙度下限降至 1%。

(4)页岩气赋存方式。泥页岩含气的主体方式是吸附和游离。在泥页岩中，吸附态天然气可占页岩气赋存总量的 20%～85%，总体统计，泥页岩中的吸附气和游离气大约各占 50%，其相对比例主要取决于泥页岩的矿物组构、裂缝及孔隙发育程度、埋藏深度，以及保存条件等。这一特点决定了页岩气通常具有较好的稳定性和较强的可保存性，即页岩气具有较强的抗构造破坏能力，在常规储层油气难以聚集成藏和保存的构造单元中，均有可能发现并生产页岩气。

(5)富集过程特殊。泥页岩储集物性致密，除裂缝非常发育(常规意义上的裂缝性油气藏)情况外，外来运移的天然气难以运聚其中。从某种意义上来说，页岩气就是烃源岩生排气作用后在泥页岩中所形成的天然气残留(也即通常所称的排烃残留气)，或者是泥页岩(气源岩)在生气阶段之初已经生成但尚未来得及大量排出的天然气。在泥页岩内部，所生成的天然气可能仅发生了初次运移(页岩内)及非常有限的二次运移(页岩层附近粉砂质和砂质岩类夹层内)。对于页岩气，页岩本身既是源岩又是储层，为典型的"自生自储"成藏模式，具典型的原地生、原地储、原地保存等"原地"模式和特点。从这一意义出发，不含有机质或有机质被完全氧化的红色泥页岩不具备页岩气成藏条件。

(6)成藏条件下限降低。由于页岩聚气的特殊性，页岩气的成藏下限明显降低，即按照页岩气开发工业经济标准并与常规储层气相比，页岩气的成藏门限明显降低，如泥页岩的有机碳含量最低可降至 0.3%，有机质成熟度可降至 0.4%，有效的储集孔隙度可降至 1%，总的吨岩含气量水平可降至 $0.4m^3/t$，天然气聚集的盖层厚度条件可降至 0m，有机质的热演化成熟度(R_o)可升至 4.0%，成藏深度界限可升至地表等。这一特点为页岩气的形成和发育提供了广阔的物理空间。

(7)聚集机理复杂。页岩气既具有致密砂岩气(根缘气)特点，又受吸附特点气(煤层气)约束，既有多种类型成藏机理，又具有明显的自身特殊性。在表现方式上，煤层气的吸附气机理、根缘气的活塞式天然气运移、常规储层气的置换式排驱，以及溶解气的过程特点等均可不同程度地体现，天然气的吸附与扩散、压缩与相变、溶解与脱溶、聚集与逸散等过程连续发生，反映了复杂的天然气聚集过程和特点。这些复杂性也为页岩气的勘探分析与评价带来了新的问题和内容。

(8)页岩气是天然气成藏与分布序列的重要组成。根据天然气成藏与分布机理序列(spectrum)理论，盆地中的天然气在聚集和分布上将构成一个完整的序列。即在基本条件具备的典型盆地中，从盆地中心向盆地边缘、从构造深部位向埋藏浅部位，在盆地的平面和剖面上依次可形成煤层气(在或不在经济埋深范围)、页岩气、根缘气、水溶气、常规储层气及水合物等。作为气源岩的页岩是序列中天然气的重要提供者，页岩气是盆地内完整天然气系统的重要构成，是潜力较大的非常规天然气资源类型。在平面和剖面上，页岩气可与其他类型天然气藏形成多种组合共生关系。

针对上扬子地区的南方海相页岩，张金川等(2009)认为以扬子地台为核心的南方型页岩气，是中国三大页岩气聚集类型中最富页岩气的类型。其核心观点认为聚集条件有利，并以改造较为严重的海相古生界海相页岩聚气为主，具有单层厚度大、发育层位多、分布面积广、热演化程度高、后期改造强等特点(表6.1)。首次提出了上扬子区域页岩处于盆外抬隆区的隔挡式褶皱带，具备形成页岩气的多种可能地质条件，是页岩气发育及勘探的有利区域。

表6.1　上扬子地区页岩气富集特征（龙鹏宇和张金川，2011）

地区	川西		川西南		川南		滇东-黔北		渝东南-湘西		川东-鄂西		川北		川中	
层位	$\in_1 n$	$O_3w\text{-}S_1l$	$\in_1 n$	$O_3w\text{-}S_1l$	$\in_1 n$	$O_3w\text{-}S_1l$	$\in_1 n$	$O_3w\text{-}S_1l$	$\in_1 n$	$O_3w\text{-}S_1l$	$\in_1 n$	$O_3w\text{-}S_1l$	$\in_1 n$	$O_3w\text{-}S_1l$	$\in_1 n$	$O_3w\text{-}S_1l$
成因类型							热裂解气									
埋深/km	2~6.5	1~6	2~4	1~2.5	3~5.5	1.5~3.5	1~3	0.5~2	1~2.5	<1.5	2~6	0.4~4	1.5~5	2~6	3~6	>4
净厚度/m	10~50 / 18	0~20 / 8	40~229 / 80	25~100 / 42	75~230 / 110	55~200 / 80	30~500 / 92	20~160 / 45	60~206 / 90	17~74 / 45	0~200 / 78	30~220 / 75	10~211 / 75	20~130 / 50	0~100 / 40	0~40 / 16
干酪根类型								I、少量II₁				II₁				
TOC%	1.82~2.12 / 1.91	0.97~3.43 / 2.3	0.62~7.99 / 2.53	0.07~3.79 / 1.79	1.1~7.24 / 3.25	1.44~4.27 / 3.17	0.04~14.3 / 4.56	0.25~6.16 / 1.79	0.52~7.59 / 2.66	0.12~7.97 / 1.52	0.28~4.32 / 2.03	0.26~7.56 / 3.04	1.86~11.8 / 4.95	1.16~5.24 / 3	2.18~2.95 / 2.57	0.26~6.13 / 2.5
$R_o/\%$	1.5~3.4 / 2.75	1.2~3.15 / 2.39	3.1~4 / 3.51	2.53~3.23 / 2.81	2.62~3.53 / 3.1	2.01~3.53 / 2.84	1.22~5.5 / 2.88	1.6~2.53 / 2.08	1.6~3.55 / 2.85	2.19~3.36 / 2.63	2.26~4.3 / 3.32	1.56~4.3 / 2.65	2.22~4.2 / 2.98	1.04~3.9 / 2.3	2.95~3.3 / 3.12	1.95~4.23 / 2.66
总孔隙度%	—	19.5 / 19.5	2.2~6.48 / 3.84	—	0.93 / 0.93	6 / 6	1.5~18.9 / 3.81	1.5~6.1 / 4.18	0.7~5.8 / 2.44	1.4~5.4 / 3.2	—	0.77~15.1 / 5.13	11.8 / 11.8	—	—	—
渗透率/$10^{-3}\,\mu m^2$	0.011 / 0.011	0.021 / 0.021	0.0037 / 0.0037	—	—	0.0013 / 0.0013	0.002~0.022 / 3.01	0.002~0.007 / 0.0039	0.002~0.056 / 0.0113	0.003~0.033 / 0.0111	—	0.0014~0.058 / 0.0118	—	—	—	—
脆性矿物含量%	38~62 / 50	13~70 / 41.5	40~57 / 51.5	59 / 59	—	39~66 / 52.5	42~78 / 56.4	36~49 / 44	29~79 / 55	26~64 / 46.2	35~52 / 45	35~69 / 50.1	40~62 / 51	80 / 80	—	50.1 / 50.1
黏土矿物含量%	20~38 / 29	28~85 / 56.5	38~40 / 39	—	—	—	8~54 / 34.8	39~58 / 47.5	13~61 / 34	28~62 / 41.4	38~53 / 44	27~57 / 38.6	20~30 / 25	16 / 16	—	—
含气量/(m³/t)	2.42~2.76 / 2.59	0.5~7.11 / 3.81	0.19~0.92 / 0.56	0.16 / 0.16	—	1~3.36 / 2.18	0.54~6.96 / 3.21	0.57~4.54 / 1.54	1.48~7.91 / 3.2	1.17~4.88 / 2.24	0.2~3.4 / 1.4	0.56~5.25 / 2.23	0.45~2.76 / 1.6	3.07 / 3.07	—	—
气显异常（气侵、井涌）	—	—	发现	发现	—	发现	发现	—	—	发现	—	发现	—	—	发现	—
探井试采	—	—	见产	见产	—	见产	—	—	—	—	—	见产	—	—	—	—
页岩气勘探程度	较弱		较高		高		一般		弱		高		弱		一般	

页岩沉积时所处的沉积环境和构造作用控制了页岩的分布、矿物组成及有机质的演化。页岩气的形成和富集既需要原始沉积条件所控制的页岩厚度和有机质丰度，又需要潜质页岩后期演化相关的适当埋深、有机质成熟度和保存条件。上扬子地区下古生界牛蹄塘组和龙马溪组页岩的形成环境与后期构造演化既有一致性也存在区别，致使二者在页岩气的富集和分布方面存在很大差异。而埋藏后期，该地区经历了多期次构造事件，后期改造、抬升剥蚀作用强烈。构造事件改变了整个地区的构造格局，在盆地方向和盆缘方向构造环境也具有巨大差异。不同沉积环境下形成的页岩，经历过不同构造事件，页岩气富集过程不同，造就了下古生界牛蹄塘组和龙马溪组页岩富集条件的差异，形成了不同类型的页岩气富集模式（梁兴等，2004）。

6.1.3 页岩气富集主控因素

五峰—龙马溪组页岩气富集与高产的地质因素包括原始沉积条件和后期保存条件，认为台内坳陷控制优质页岩的形成与分布。保存条件影响页岩气的富集程度，四川盆地内部总体保存条件较好，尤其是有三叠系膏盐岩分布的地区保存条件好，页岩气层段压力系数高，页岩气富集程度高（金之钧，2005）。

与志留系地层相比，寒武系地层在研究区覆盖面积更大，发育于从被动陆缘至板内台地边缘等多种地质环境下，下寒武统页岩具有厚度大、分布稳定、有机质成熟度更高、保存条件复杂、页岩气组分中氮气含量偏高的特征（韩双彪等，2013b）。

1. 原始有利沉积相对有机质的控制作用

研究区东部地区牛蹄塘组页岩沉积于以深水陆棚—陆架边缘为主的滞留海盆环境，岩性以黑色碳质页岩、硅质页岩、粉砂质页岩及粉砂岩为主，页岩分布广泛，厚度稳定，富有机质页岩主要分布于地层底部。

例如，四川盆地北缘至东南缘牛蹄塘组页岩有机质丰度受到水体变浅、动荡加剧和陆源输入的影响。在浅水陆棚区，米仓山前缘南江杨坝剖面下部富有机质页岩 TOC 值较高，最大可达到 5.0%，但向上迅速降低；位于隆起区的高科 1 井和丁山 1 井，富有机质页岩的厚度变小，其 TOC 值较低；浅水陆棚相的遵义松林剖面富有机质页岩的厚度相比丁山 1 井有所增加，TOC 值较高，向上随着沉积水体变浅，砂质组分含量逐渐增多，同时 TOC 值也逐渐降低；至陆棚边缘的丹寨南皋剖面，富有机质页岩的厚度迅速增加，厚度超过 100m，TOC 值增加，最高可达 15.31%。可见沉积环境控制着富有机质页岩的厚度和有机碳含量的变化。

研究区龙马溪组受沉积相控的影响，位于深水陆棚沉积中心的页岩厚度较大，向边缘及浅水陆棚方向逐渐减薄。高有机碳含量黑色页岩主要分布在深水陆棚，

低有机碳含量黑色页岩则分布在浅水陆棚。晚寒武世至早志留世研究区深水陆棚
沉积环境主要分布在四川东南宜宾，经重庆至四川东北达州一带，而龙马溪组高
有机碳富有机质页岩也主要分布在这一区域(王社教等，2009)。

2. 有机质丰度决定了含气量的大小

页岩中有机质含有大量微孔隙，对气体有较强的吸附能力，并且随着有机碳
含量的增大，相应的页岩吸附气量也增加。研究区牛蹄塘组和龙马溪组页岩在相
同的地质条件及演化阶段下，页岩生烃强度、吸附气量与页岩中有机碳含量具有
明显的正相关性。实验分析结果表明，尽管不同类型页岩发育的地质条件差异大，
含气量受到多种地质因素共同影响，但是研究区页岩含气量与 TOC 总体呈现出较
好的正相关关系(图6.1)。

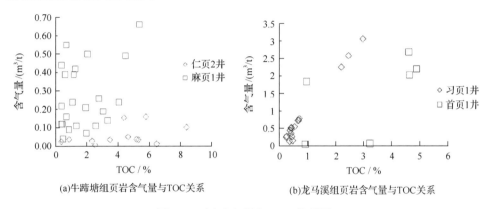

(a)牛蹄塘组页岩含气量与TOC关系　　　　　(b)龙马溪组页岩含气量与TOC关系

图 6.1　页岩含气量与 TOC 关系图

3. 保存条件对含气性的作用

对于页岩气的保存，鉴于其富集岩性特征和成藏机理，页岩气对保存条件的
要求相比常规油气要低。近年，黔北地区已钻探多口页岩气井，其中岑页 1 井测
井曲线显示为富有机质，但页岩气量却很低。昭 101 和宁 206 页岩气钻井也由于
保存因素而失利，引发地质学家对页岩气富集规律的深层次思考，不管在盆地稳
定区还是盆缘褶皱区，页岩气有利区的优选都应该充分考虑保存条件的影响。

下面以黔北地区为例，从区域构造演化、封盖层分布、断裂构造、水文地质
条件、低温热液矿物等方面对牛蹄塘组和龙马溪组页岩保存条件进行分析。

1) 构造演化对保存条件的影响

南方扬子地区构造演化历经多期次构造活动。自志留系沉积以来，经历了加
里东、印支、燕山和喜山四次大的构造事件，对扬子地区页岩地层的保存条件产
生了重大影响(表 6.2)。

表 6.2 南方扬子地区构造活动对页岩地层保存条件的影响

构造活动期次	对保存条件的影响	备注
加里东运动	志留系剥蚀，古油藏破坏	扬子地区南缘、雪峰—江南隆起、南华、滇东—黔中、川中等区志留系剥蚀殆尽
印支运动	中三叠统部分遭受剥蚀	—
燕山运动	形成断裂褶皱推覆、剥蚀、火山活动	对四川盆地以外侏罗系地层破坏严重
喜山运动	形成现今构造格局，产生断裂褶皱推覆、剥蚀	隆起区上侏罗统—下白垩统地层遭受剥蚀

加里东运动导致扬子地区南缘、雪峰—江南隆起、南华、滇东—黔中等区志留系剥蚀殆尽，泥盆系与下伏不同地层平行不整合接触，并未造成褶皱造山，该期下伏烃源岩仅处于成熟阶段，先期形成的如麻江古油藏等被破坏。同时，造成了烃源岩的生烃延迟，为二次生烃创造了条件。因此，加里东运动对页岩气的保存影响较小，相反有利于页岩的再生烃。

印支运动结束了上扬子地区海相沉积历史，并形成了川南泸州、川东开江等古隆起，但仍以升降运动为主，上三叠统平行不整合于下伏不同海相地层之上，同时，四川盆地周缘抬升成为剥蚀区。因此，该期运动除对先导区龙潭组富有机质页岩影响较大（大部分地区被剥蚀）外，对早古生代页岩保存影响较小（张国伟等，2001）。

燕山—喜山运动是重要的构造事件，形成了现今的构造格局。其对四川盆地内部影响较小，但在其周缘形成了分布广泛的褶皱断裂构造，直接造成先导区晚古生代以上地层大面积剥蚀，仅在复向斜中保留了三叠系及其以下地层。因此，四川盆地及复向斜区域保存条件较好。至于其余地区，总体认为保存条件较差。但考虑到页岩气的吸附性特点，针对不同的目的层，那些褶皱构造宽缓、断裂相对不发育的地区仍具有较好的保存条件；而对于紧密褶皱、断裂发育的地区，保存条件无疑较差，勘探风险较大。

（1）褶皱的作用。构造上上扬子地区横跨在四川盆地东部（盆地西部下古生界埋深较大）的隔挡式褶皱与盆外抬隆区之上，同时具备形成页岩气的多种可能地质条件，是页岩气发育及勘探的有利区域。该区发育了多套黑色（碳质）页岩，分布广，厚度大，变形强，埋藏浅，有机质含量高，热演化程度高，区域上典型的隔挡式背斜褶皱带及断裂带易于产生裂缝并形成"甜点"。

在具刚性基底、构造稳定的四川盆地华蓥山以西地区，整个海相构造层形变微弱，地层纵横向连续性好，在多旋回构造改造过程中，只被为数不多的断层所切割，以发育低—微幅度褶皱构造样式为特点，古生界、中生界地层实体保存好，有利于油气保存，已获得大规模的油气突破，页岩气富集条件好。华蓥山以东的渝东鄂西地区，构造形变相对较弱，处于构造转换带，由西向东由隔挡式逐渐过渡为隔槽式褶皱，断裂构造发育较少，部分以压性为主，且地层纵横向连续性相对较好，已获得大规模油气突破，富集条件好(图6.2)。

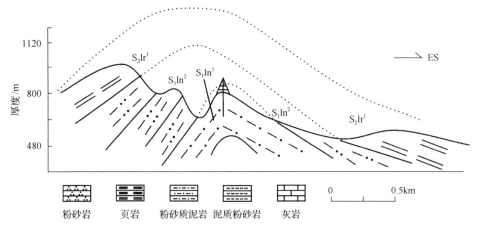

图6.2　渝页1井区地层剖面图

湘鄂西、渝东南、黔北、黔中及山前推覆带等地区，发育叠瓦状推覆构造、冲断块构造、滑脱型褶皱推覆构造、冲褶构造等构造样式，构造形变较强、地层纵横向连续性相对较差，多发生较强的位变或序变，多表现为长期隆升遭受强烈剥蚀的特征，地层保存状况较差(张金川等，2008)。

以黔北岑巩地区为例，地震构造剖面图显示，断裂在岑页1井附近切穿下寒武统向下延伸至震旦系地层，并且有断层切割上覆地层(图6.3)，岑巩区块下寒武统页岩气有可能沿断层向上或向下逐渐逸散。由于构造断裂的影响，下寒武统页岩含气性受到一定程度的破坏，是页岩气富集的重要影响因素。

构造演化控制了地层充填序列，对于上扬子地区下古生界页岩而言，其形成的页岩气能否富集成藏，取决于多种因素，但其本身能否保存，以及是否存在盖层是最基本的富集因素，而这又取决于沉积盖层的封闭性能。上扬子地区不同页岩层系沉积环境、分布范围、规模、成气地质特征均具有一定的差异，不同地区沉积盖层也具有较大差别。上扬子地区盆地内部地层充填序列齐全，富有机质页岩层系发育了各自的封盖层，富集条件好，威远、焦石坝地区已经取得页岩气的工业化突破，盆地边缘及外部地区受一定程度的后期构造活动改造。

上扬子地区下志留统龙马溪组页岩气钻探结果表明，构造活动相对微弱、构造相对较平缓、通天断裂不发育、顶底板条件优越及较高压力系数的地区，常具备良好页岩气富集条件；而在具有相似泥页岩发育，但保存条件相对较差、地层压力系数较低地区所钻的页岩气井，产气量通常不高。页岩气钻井中，高产井(如

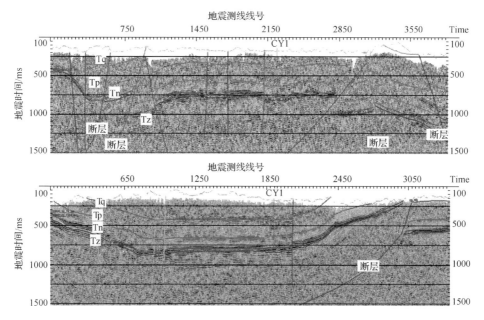

图 6.3　岑页 1 井区页岩气地震剖面

焦页 1HF 井、宁 201-H1 井、阳 201-H2 井)均存在异常高压页岩气层,低产井和微含气井(如河页 1 井、YQ1 井等)一般都为常压或异常低压页岩气层(张金川等,2008)。

上扬子地区下寒武统牛蹄塘组页岩气调查井显示,位于古隆起边缘的区域往往容易获得好的含气效果,是牛蹄塘组页岩气的有利富集区。例如,位于米仓山隆起东缘的镇巴地区(镇地 1 井),大巴山造山带前缘的城口区块(城探 1 井),雪峰山隆起前缘的岑巩区块(天星 1 井)、慈利地区(慈页 1 井),以及大巴山与雪峰山逆冲构造复合带—鄂西秭归褶皱带前缘的秭归—宜昌地区(秭第 2 井、宜地 2 井),均在牛蹄塘组获得了较好的含气量;而在古隆起的地区(即后隔槽式褶皱和隔挡式褶皱)含气性则欠佳,如酉参 1 井、方深 1 井和绥页 1 井。

(2)断裂体系与构造强度对保存的影响。断层的性质、破碎程度,以及断层面两侧岩性组合间的接触关系,和天然气运移、聚集和破坏都有着密切关系。断层对油气的破坏作用表现在"通天"断层可断穿上部区域盖层,成为天然气散失的通道,造成气藏被破坏。"通天"断层沟通地表水,加剧了对气藏的破坏。如黔北地区方深 1 井、天马 1 井等钻探失利就是因为有深大断裂通过目的层位,破坏了牛蹄塘组保存系统。而页岩气显示较好的区域主要位于断裂封闭性较好、无通天断裂的区域。其次,黔北地区褶皱以紧闭背向斜和一些宽缓背向斜为主,紧闭地区地层倾角大,宽缓地区地层倾角小,地势较平坦,有利于页岩气成藏。例如,彭页 1 井和天星 1 井,分别位于桑拓坪和道真宽缓向斜带,地层平坦,断裂不发育，以一些小型断裂为主，对富有机质页岩层影响不大，页岩气显示较好，现场解析及压裂后页岩气量较高。而方深 1 井和底 1 井靠近赫章—遵义断裂，仅获得较好的气显示，未见工业价值气流。靠近正安—桐梓断层的绥页 1 井、湄页 1 井现场解析含气性一般。

2)顶底板封盖能力

上扬子地区包括下震旦统陡山沱组、下寒武统牛蹄塘组、上奥陶—下志留统龙马溪组、上二叠统龙潭组、上三叠统须家河组和下侏罗统自流井组等 6 套富有机质页岩层系，局部如黔北地区还存在下寒武统杷榔组和变马冲组页岩层系。不同页岩层系沉积环境、分布范围、规模、成气地质特征均具有一定的差异，不同地区其直接封盖层也具有较大差别。

封盖层序列中，上扬子地区发育的中、上寒武统膏盐岩对于天然气的封盖保存具有重要的意义。岩性主要为石膏和白云质石膏，其次是膏质或含膏质白云岩，主要分布于鄂西、渝东西北部、四川盆地西南部、东部及黔东北、黔北，以及滇东北局部地区，属浅水蒸发台地相沉积。层位上主要分布在清虚洞组上部、石冷水组及娄山关组下部(相当于四川盆地的高台组、龙王庙组)，以石冷水组更为丰富。据中石油资料，四川盆地中、下寒武统膏盐岩厚 5～70m，最厚处位于重庆－江津地区(大于 70m)；川东南泸州—黔西北习水一线不发育。据江汉油田资料，中寒武统覃家庙组膏岩在湘鄂西北部十分发育，建深 1 井更是钻遇288m 膏岩。陈佑德和杨惠民(1999)据 15 口钻井资料统计，以绥阳—务川一带膏盐层累计厚度最大，清虚洞组在绥阳二井有 8.84m，石冷水组和娄山关组在绥阳一井有 59.66m。

四川盆地震旦系至白垩系地层充填序列齐全，6 套富有机质页岩层系发育，分别都发育了各自的封盖层，封盖保存条件无疑最好，已建立常规油气勘探基地和取得页岩气的突破就是最好的证明。川南—川东南部分地区本身就是四川盆地的一部分，只是处于四川盆地边缘地区，受一定程度的后期构造活动作用，封盖保存仍较好(陈洪德等，2008)。

渝东、鄂西地区保存了震旦—下三叠统沉积充填序列，主要发育了陡山沱组、牛蹄塘组、须家河组和自流井组等 4 套页岩层系，其各自封盖层也比较发育，只是构造事件形成了隔挡隔槽式褶皱，部分封盖层保存不完整，而且鄂西地区缺失须家河组和自流井组、龙马溪组页岩层系，而且还发育一套上寒武统膏盐岩封盖层。由于区内的建南一带二叠系、志留系已获得常规油气突破，因此保存条件较好。渝东北地区与其比较类似，直接封盖层较为发育，但因地处大巴山逆冲推覆前缘，构造活动较强，保存条件较差，但西南弧形构造与北东向构造交汇点应具有较好的保存条件。

渝东南和黔北地区保存了震旦系至奥陶—志留系充填序列，二叠系以上地层基本全部遭受剥蚀,其至部分地区上寒武统以上地层被剥蚀,仅保留了陡山沱组、牛蹄塘组和龙马溪组 3 套页岩层系,因此,从封盖层角度,其封盖保存条件无疑较差。但对于不同的页岩层系,仍存在较好的保存条件。陡山沱组页岩层系,基本上大面积埋藏于地腹,其上为灯影组白云岩封盖层,尽管其封盖性值得进一步探索;灯影组之上为另一套大面积分布的牛蹄塘组页岩层系,无疑这是一套重要的封盖层;再上为下寒武统—志留系封盖层,渝东南地区可能存在上寒武统膏盐岩封盖层,黔北地区新增加下寒武统页岩封盖层,因此,陡山沱组页岩层系保存条件较好。牛蹄塘组与陡山沱组具有相似的特点,保存条件也应该较好,其至黔北地区下寒武统变马冲组也具有较好的封盖条件。龙马溪组保存条件差别较大,黔北地区南部基本缺失或处于剥蚀状态,渝东南部分地区处于剥蚀状态,仅复向斜中保存条件较好。因此,陡山沱组和牛蹄塘组封盖保存条件较好,龙马溪组封盖保存相对较差。

3) 热液矿床与古保存条件分析

黔北地区及邻区热液矿床包括汞矿、铅锌矿、砷矿、铀矿等矿种,其中以汞矿和铅锌矿较多。成矿富集与断裂密切相关,因此为古保存条件分析提供了重要依据。前人认为汞矿和铅锌矿的形成都与地热卤水沿深大断裂循环,使矿源层中矿质进一步活化,迁移至构造弱化带成矿相关(施继锡,1991)。另外,松桃嗅脑、沿河三角塘的汞矿和铅锌矿中硫化物的 $\delta^{34}S$ 值与海水硫酸盐近似,揭示硫可能主要来自(铜仁—万山)古油藏中的卤水或者沿深断裂下渗的古海水、地层水。铅锌矿中铅同位素表明湘西、黔东地区铅锌矿形成于加里东中晚期(王华云,1993;叶霖等,2005;向才富等,2008;刘劲松等,2009)。黔北地区低温热液矿床(带)是地下热液沿较大的断裂上升,富集于碳酸盐岩中的结果。汞矿、铅锌矿等低温热液矿床富集矿带可能指示附近深大断裂的存在,这对该地区页岩气保存构成负面影响。

4) 水文地质条件对保存的影响

地层中水文指标的变化是分析油气保存条件的有效手段。李斌等学者根据矿化度、氯离子含量、变质系数、脱硫系数和水型等指标将地下水进行垂直化学分带,共划分为自由交替、交替阻滞、交替停滞三个带,保存条件自上而下由差变好(马力等,2004)。

(1)鄂西渝东地区。鄂西渝东地层水矿化度变化于 0.63～249g/L,平均值为69.2g/L;变质系数变化于 0.01～15.5,平均值为 1.22;脱硫系数变化于 0～12.8,平均值为 0.44;地层水以 $CaCl_2$ 型为主,地层封闭性较好(陆正元等,2015)。

(2)湘鄂西地区。湘鄂西地区的地层水化学分析测试数据均来自于下古生界,16 口探井的地层水的矿化度都很低,介于 1.1～14g/L,平均值为(5.5±3.8)g/L,

变质系数(r_{Na^+}/r_{Cl^-})都大于 0.87，介于 1.0～40，平均值高达 6.8±10.9，远高于现代海水的变质系数，水型为 $NaHCO_3$ 型和 Na_2SO_4 型。水化学参数表明湘鄂西地区地下水与地表水的交替程度大，水文地质开启程度高，属自由交替带—交替阻带。

(3)川东南地区。川东南地区 53 口钻井的地层水化学数据统计结果显示，地层水矿化度为 0.1～247，平均值为 45，变质系数介于 0.01～14，平均值为 0.96，脱硫系数为 0～4.7，平均值为 0.2，表现为中等矿化度，较低的变质系数和低脱硫系数。

(4)黔中隆起及其周缘。方深 1 井和底 1 井的地层水化学资料，涉及地层达震旦系。

方深 1 井 2410m 处上震旦统灯影组地层水的矿化度为 3.981g／L，氯离子含量更低，只有 0.26g／L，水型为 $NaHCO_3$ 型，因此，其所在构造的油气保存条件也不佳。底 1 井矿化度总体上不超过 3g／L，所测地层水水型全为 Na_2SO_4 型。在上震旦统灯影组之上有 800m 的 $\mathrm{\epsilon}_1n-\mathrm{\epsilon}_1j$ 砂泥岩作隔盖层，但仍产淡水，油气保存条件较差。

综合构造演化、封盖层、褶皱断裂构造与水文地质条件，重点对下寒武统牛蹄塘组和上奥陶—下志留统龙马溪组页岩层系保存条件进行了初步分析。牛蹄塘组有利区主要分布于四川盆地及其边缘，较有利区分布于建始—五峰、湄潭—武隆与黔西南—黔南地区，湘鄂西保存条件值得进一步研究，暂归入中等保存条件区，但局部地区地腹地层水矿化度较低，保存条件较差。

龙马溪组有利区主要分布于四川盆地及其周缘，较有利区分布于川南黔北、武隆—彭水及渝东鄂西巫山—五峰一带，其余地区保存条件较差。

6.2 页岩气发育地质模式

针对上扬子地区下古生界复杂构造区海相页岩气富集规律，国内学者普遍认为，构造、保存条件是影响页岩气产量的主要因素。郭旭升(2014)通过对焦石坝龙马溪组高产页岩气田研究，提出了"二元富集"规律，即：深水陆棚优质泥页岩发育是页岩气"成烃控储"的基础；良好的保存条件是页岩气"成藏控产"的关键。郭彤楼和张汉荣(2014)认为两组断裂体系与龙马溪组底部滑脱层的共同作用控制网状裂缝形成和超压的保持，是页岩气富集高产的关键，龙马溪组封闭的箱状体系保证了气藏的动态平衡，并将焦石坝页岩气藏的高产富集模式总结为"阶梯运移、背斜汇聚、断滑控缝、箱状成藏"。

相对于取得重大突破的龙马溪组来说，牛蹄塘组页岩气研究进展显得缓慢。牛蹄塘组页岩在四川盆地东缘地区具有优越的原始生烃条件，但在整个地质历史过程中经历了多期次的、复杂的构造演化(包括埋藏、抬升、断裂和褶皱等)、热演化(多期次、多种方式的生排烃)和页岩气聚集与散失，使页岩含气性在区域上表现为分布的不连续性,钻井产量明显的高低不同。因此,通过收集四川盆地东缘地区牛蹄塘组页岩气钻井资料,解剖典型地区页岩气富集条件,分析页岩含气规律,提出了页岩气不同构造样式下的含气地质模式(马永生等,2005)。

6.2.1　古构造突起模式

威远隆起构造区位于川西南低缓断褶带,是盆内最大的背斜构造。区内下寒武统牛蹄塘组黑色页岩为相对缺氧、静水的深水陆棚相沉积,岩性组合以黑色碳质页岩和深灰色粉砂质页岩为主,以宜宾—泸州为厚度中心向四周递减。富有机质页岩主要发育在牛蹄塘组的下部,岩性以深灰黑色碳质页岩、粉砂质页岩和粉砂岩为主,黑色页岩厚度为60~200m(李延钧等,2013)。

筇竹寺组黑色页岩有机质显微组分中腐泥组含量占95%以上,属典型的腐泥型干酪根;页岩有机碳含量TOC为0.5%~25.7%,普遍大于2%;有机质成熟度R_o一般大于2.5%,平均为3.5%。页岩矿物组分中脆性矿物含量较高,超过40%,黏土矿物以伊利石为主,含少量绿泥石和云母。页岩裂缝十分发育,如威5井在深度2795.0~2798.0m范围内,页岩层间缝发育,多为白云石充填,局部沿裂缝见白云石晶洞。页岩含气量为0.27~6.02m³/t,平均为1.90m³/t(图6.4)。

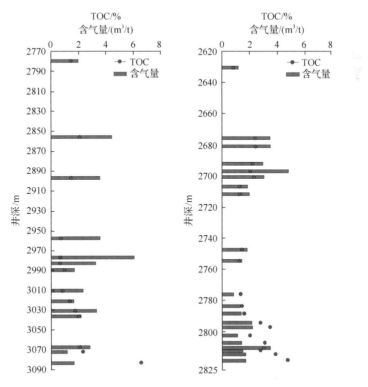

图6.4　威远地区筇竹寺组页岩含气性

　　威远地区筇竹寺组页岩区域盖层完整，与下伏地层震旦系灯影组为不整合接触，基底为区域性古隆起。在距地层缺失带较近的地区，地层压力系数明显降低；随着与地层缺失带距离的增加，地层压力系数逐渐增大。因此，这种古构造突起样式下，在远离地层缺失带的背斜核部或者斜坡部位，其地层压力系数较高，保存条件较好，页岩含气性较高，是页岩气聚集有利区。例如，威远地区 W15 井和威基井所处古隆起区断层不发育，区域盖层完整，但距离牛蹄塘组缺失带较近。其中 W15 井页岩埋深 1535m，距缺失带 6.9km，压力系数 0.92，直井日产量 0.26 万 m^3；而威基井页岩埋深 2573m，距缺失带 13.8km，压力系数 1.40，直井日产量 2.75 万 m^3。

6.2.2　断背斜模式

　　岑巩地区位于贵州东部，构造上属于湘鄂西隔槽式褶皱带，构造较复杂，区内褶皱、断裂构造非常发育，断层呈北东向和北北东向延伸，挤压走滑变形特征明显。牛蹄塘组页岩属于台地边缘斜坡深水陆棚相沉积，区内由南东向北西水体逐渐变浅，页岩厚度稳定。纵向上看，富有机质段分布在牛蹄塘组底部，岩性主要由粉砂质碳质页岩和碳质页岩组成，厚度介于 60～100m。

　　牛蹄塘组页岩和牛蹄塘组有机质类型主要为Ⅰ型和Ⅱ₁型，反映了原始有机质来源主要为低等水生生物，干酪根碳同位素值一般小于–29‰，表现出腐泥型的特征。有机碳含量在 1.78%～7.03%，平均为 3.38%。镜质体反射率 R_o 介于 3.5%～3.8%，平均为 3.56%，属于高成熟—过成熟阶段(图 6.5)。

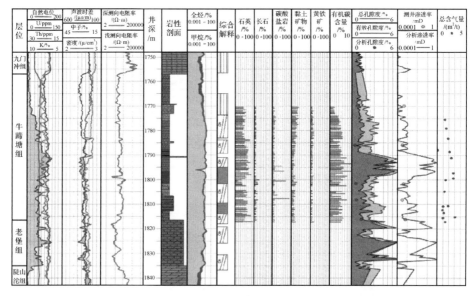

图 6.5　天星 1 井牛蹄塘组页岩综合柱状图
$1mD \approx 10^{-3} \mu m^2$

牛蹄塘组页岩矿物组分中石英、长石等脆性矿物含量介于 46%～78%，平均含量为 62%；黏土矿物含量介于 17%～47%，平均含量为 38%，其中黏土矿物中伊利石含量超过 95%，含有少量的绿泥石和高岭土。牛蹄塘组页岩整体硅质含量高，脆性较好，压裂过程中容易形成复杂网状缝。

牛蹄塘组含气页岩孔隙度介于 1.7%～5.6%，平均渗透率为 $0.2207 \times 10^{-3} \mu m^2$。牛蹄塘组孔隙微观结构孔径较小、连通性较差，粒间微孔隙、有机质孔隙是纳米级孔隙的主体。牛蹄塘组富有机质页岩裂缝大部分为构造裂缝，裂缝多被方解石脉充填。牛蹄塘组含气页岩段 1455.45～1463.62m 岩心段现场解吸量+损失气量最大，可达 $1.65m^3/t$，总体而言，牛蹄塘组黑色页岩含气量介于 0.5～$2.5m^3/t$。

岑巩地区与焦石坝地区页岩气具有相似的地质构造样式，均属于由两组断层所控制的背冲平拱式构造，即箱状构造。但不同的是，天星 1 井远离开启性断裂、抬升剥蚀区，封闭性好；天马 1 井位于走滑断裂带，附近高角度断层、裂缝发育，尤其是通天断层的存在，致使两口井含气性差别较大。再一次证明了具有似箱状构造样式，远离开启性断裂的弱构造改造带是页岩气高产的地区。

6.2.3 逆冲褶皱模式

城口地区位于四川盆地东北缘，主体位于南大巴山褶皱冲断带。构造总体特征是构造变形南北存在较大差异，北部地区以冲断褶皱变形为特征，南部地区以皱褶作用为主；北部褶皱表现为紧闭型、样式复杂，向南逐渐过渡为宽缓薄皮构造样式。以断层及其间的转换带为界，区内构造可进一步划分为叠瓦冲断带、滑脱褶皱带及断层—褶皱带三个构造带(四川油气区石油地质志编写组，1989)。

城口地区经过加里东、印支和喜山等多期构造事件，造成早古生界轻变质的浅海相沉积建造出露地表，下寒武统岩性组合为黑色碳质粉砂岩、碳质页岩、硅质页岩、碳质板岩夹白云质灰岩，厚度大于 300m。根据沉积相分析，水井沱组为一套深水陆棚相优质泥页岩，有机碳含量高，TOC 介于 1.65%～6.93%，平均为 3.66%；有机质类型属于腐泥型(Ⅰ型)干酪根；有机质热演化程度适中，成熟度 R_o 值一般为 1.27%～3.72%，平均为 2.81%，处于高成熟—过成熟阶段。页岩气地质井揭示页岩含气较好，含气量介于 0.02～$3.97m^3/t$，平均含气量为 $0.87m^3/t$，具有较好的资源潜力(图 6.6)。

根据构造分析，认为南大巴山前陆褶皱冲断带是南秦岭与扬子地块在碰撞过程中，南秦岭向北反向逆冲，从而形成北大巴山逆冲推覆构造和断裂构造。同时由于北大巴山向南挤压逆冲，同时存在右行剪切的应力场，两种应力场的叠加效应形成了城口地区高角度倾竖褶皱构造和密封性较好的逆冲断裂构造，这有利于天然气的聚集。在滑脱褶皱带，存在着局部的背斜构造，盖层条件封闭性好，是页岩气聚集的有利区域。

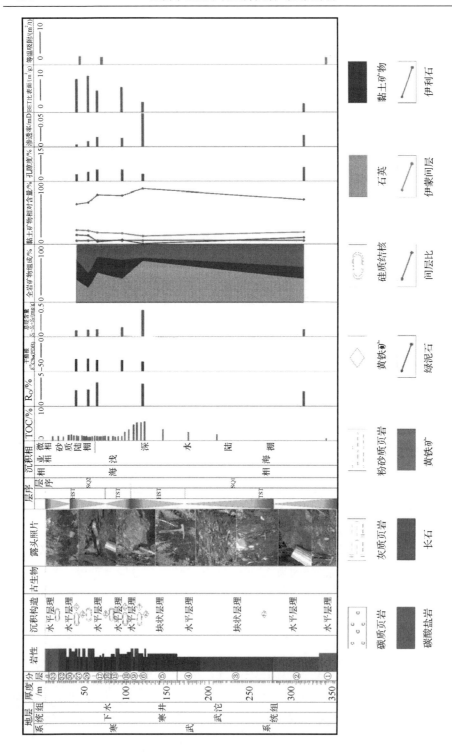

图6.6 城口垃圾场剖面水井沱组页岩综合柱状图

6.2.4 富氮页岩气聚集模式

世界上大多数的天然气藏中含氮量很低(小于 4%),少部分含氮量较高。Jenden 等(1988)统计了美国 12000 个天然气样品组分数据,发现天然气中氮气的平均含量为 3%,其中,氮气含量不小于 25%的气样占到 10%,氮气含量不小于 50%的气样占 3.5%,氮气含量不小于 90%的气样只占 1%。戴金星(1992)统计了我国 1000 余个气样数据,结果发现 76%的气样氮气含量不大于 4%,86%的气样氮气含量不大于 8%。但是我国南方下古生海相地层牛蹄塘组页岩气藏中普遍存在着高氮气含量的问题,这是我国牛蹄塘组页岩气勘探开发中的一个非常棘手的难题(李新景等,2007)。

天然气中氮气的成因非常复杂,戴金星(1992)、徐永昌(1994)和朱岳年(1999)都有一些研究和认识,简单概括起来,氮气主要有 4 种来源:①有机质热演化过程中产生的,包括生物的腐烂菌解和干酪根热降解—热裂解两种途径;②无机硝酸盐热分解反应;③大气来源,由地表水携带到地下脱出;④地壳深部岩石高温变质和上地幔脱氮。天然气藏中不同来源的氮气具有不同的地球化学特征。

在我国页岩气的勘探过程中,出现了一大批富氮页岩气钻井,尤其是在我国南方上扬子地区的下寒武统页岩地层中,高氮气含量是制约该层系页岩气勘探开发进程的主要不利因素之一。

通过对四川盆地东缘地区收集的 16 口钻井 33 个气样的气体组分进行了统计分析,发现气体组分主要为 N_2、CH_4、C_2H_6 和 CO_2,存在少量的 C_3H_8,且页岩气藏中氮气含量存在着两个明显的极值现象,即氮气含量低于 15%和氮气含量大于 80%。此外,氮气含量小于 15%的占气样总数的 33%,介于 15%~60%的占 11%,大于 60%的高达 56%。对于氮气含量小于 15%的气样,其气体组分以烃类气体为主,其中 CH_4 含量在 80%以上,C_2H_6、C_3H_8 含量约占 3%,非烃气体中主要为 N_2,体积分数为 12%;其次为 CO_2,体积分数在 5%。大部分样品的氮气含量超过 60%,范围在 61.0%~98.6%,甲烷含量不足 15%(表 6.3)。因此,接近 70%的钻井富氮气特征表明,牛蹄塘组的保存条件是页岩气成藏的关键因素。

通过对 TX1 井和 ZD1 井采集的解吸气样进行氮同位素和核氩同位素检测分析,结果表明,TX1 井解析气样氮同位素 $\delta^{15}N$ 值为–4.6‰~–3.3‰(图 6.7),伴生 CH_4 的 $\delta^{13}C$ 值为–36.5‰~–31.4‰,且 C_{N_2}/C_{Ar} 大于 100,$^3He/^4He > 1.39 \times 10^{-6}$,平均为 2.59×10^{-6},属于有机质在成熟阶段及地壳和上地幔来源的氮气;ZD1 井解析气样的 $\delta^{15}N$ 值大于 5‰,分布范围在为 5‰~6.8‰,伴生 CH_4 的 $\delta^{13}C$ 值为–31.7‰~–28.8‰,$^{40}Ar/^{36}Ar$ 大于 800,$^3He/^4He$ 小于 5×10^{-7},范围在 $(1.86 \sim 3.36) \times 10^{-7}$,属于典型的有机质在过成熟阶段热解生成的氮气。

然而,以重庆酉阳地区酉阳 1 井和常德地区常页 1 井为代表,其氮气主要来源于大气,其次是有机质热解形成的氮气。这类页岩气藏一般都已经遭受了严重的破坏,保存条件较差,是页岩气勘探的雷区。

表 6.3　四川盆地周缘下寒武统已钻井气体组分统计表

地区	井名	N$_2$含量/%	CH$_4$含量/%	备注
重庆西阳	酉页1	97.40	1.20	氮气高
	酉参1	84.10	15.81	氮气高
重庆秀山	秀页6	85.60	3.86	氮气高
贵州凤岗	凤参1	84.00	6.40	氮气高
贵州黄平	黄页1	0.03	82.36	甲烷高
贵州绥阳	绥页1	85.36	13.04	氮气高
贵州仁怀	仁页1	90.30	3.87	氮气高
贵州湄潭	湄页1	94.50	4.63	氮气高
贵州岑巩	天星1	30/00	70.00	甲烷高
贵州正安	正页1	61.37	6.68	氮气高
湖南慈利	慈页1	20.00	80.00	甲烷高
湖南常德	常页1	90.00	8.70	氮气高
贵州松桃	松页1	12.23	82.20	甲烷高
贵州大方	方深1	35.00	65.00	甲烷高
贵州镇雄	镇101	95.00	5.00	氮气高
湖南保靖	保页2	91.45	8.55	氮气高

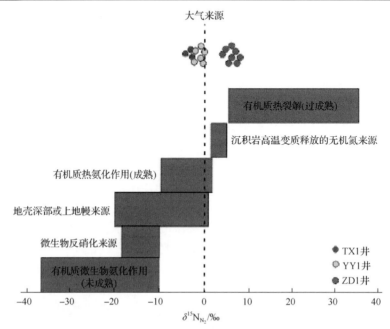

图 6.7　牛蹄塘组氮气来源鉴别图(底图据朱岳年，1999)

通过对常页1井解析气样气体组分分析发现，组分中 CO_2 和 N_2 的含量具有此消彼长的负相关关系，这说明两者来源不同，其含量比例和岩浆中两者的比例也不相同。而且由于岩浆岩气以高含 CO_2、H_2 为特征，变质岩气则富含 CO_2、N_2 和 H_2（戴金星，1992），而常页1井天然气组分中未见 H_2，因此，基本排除是岩浆成因的氮气。YY1井采集的解吸气样氮同位素测试表明，$\delta^{15}N$ 值在–2.8‰～0‰，平均–1.25‰（图6.7），氮同位素值接近空气中的氮气。

有机质热解成因氮气的聚集模式与大气来源氮气聚集模式截然不同，以 ZD-1 井为例，有机质热解的氮气是在烃源岩过成熟阶段释放的，在页岩孔渗条件好的部位，甲烷大量散失导致氮气残留的富集。同时，氮气的含量越高，页岩含气量越低，表明大量的甲烷已经散失（图6.8）。而类似于常页1井这种大气来源氮气的

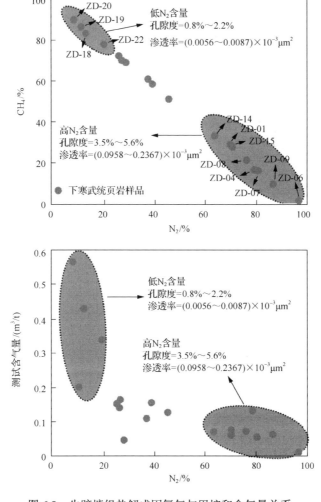

图6.8 牛蹄塘组热解成因氮气与甲烷和含气量关系

富集机理主要是大型断裂的沟通使得页岩地层与外界沟通，地表水的下渗带入大量氮气，再加上甲烷的散失和少量残留氮气的聚集(图6.9)。

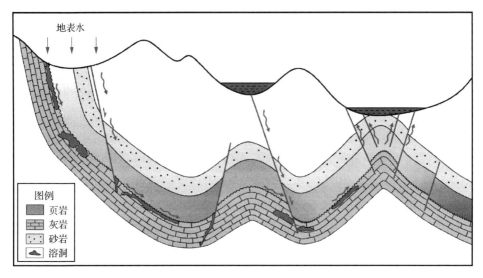

图 6.9　牛蹄塘组大气米源氮气聚集模式图

6.3　页岩气选区方法及标准

6.3.1　选区方法

截至目前，不同机构及学者针对不同类型页岩气形成的地质条件、勘探程度及开发阶段，提出了不同的页岩气选区评价方法，但其本质均是根据页岩气成藏的主控因素进行综合评价，常用多因素叠加和模糊综合评价两种方法(林腊梅等，2013)。

1. 多因素叠加法

多因素叠加是利用地质参数的非均质性，对评价区已有资料进行综合处理的一种定量–半定量方法。这种方法的目的是综合多项基础地质信息，把地质信息值按照某种约定的算法叠加，得到能够近似表征含气有利性的新的组合信息，为制定勘探方案提供依据。多因素叠加评价法的基本思想是：先把控制页岩气形成的各种单一地质因素作为基础地质信息，将其绘制成基础地质信息图，再把不同的基础地质信息图按照权重叠加得到组合地质信息图，最后将组合地质信息图按照权重叠加生成综合地质信息图。在该图的基础上，进行综合地质解释，预测页岩气有利区。

页岩气勘探过程中，从优选远景区，到有利区，再到优选核心区，是一个资料逐步丰富、信息逐步综合、依据逐步充分、认识逐步加深且目标范围逐步缩小的递进过程。远景区优选实际上是寻找富有机质页岩发育的地区，主要考虑地质背景和页岩基本地化条件；有利区优选则要在考虑地质背景和基本地化条件的基础上，进一步综合有机地球化学特征、储集条件、页岩规模、保存条件及少量含气特征等信息进行优选；核心区在有利区综合地质信息的基础上，需再进一步考虑含气量、矿物组成、岩石力学特征、应力场、地貌及水源等开发基础条件。因此，选区过程实际上是一个页岩气成藏主控因素递进叠合的综合过程。该方法中，选区信息体系和权重分配可依据含气量预测模型或结合评价区具体地质特点来确定(图 6.10)。

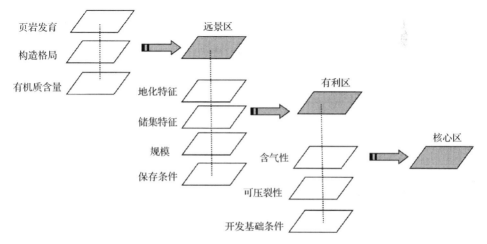

图 6.10　多信息递进叠合选区示意图

成藏主控因素递进叠合方法预测有利区的主要步骤叙述如下。

(1)资料归类与分级。整理收集到的地质信息，进行归类，形成层次分明的信息体系，通常分为基础地质信息和组合地质信息两个层次，同类的基础地质信息叠加构成组合信息，组合信息叠加构成综合信息。

(2)基础地质信息叠加前处理。为了保持各种地质信息在叠加中的等价性及可加性，一般采用极差正规化方法，将各种基础地质信息变换到[0，1]区间内。对于非数值型参数信息，如保存条件，可按照好坏程度划分等级，给不同等级赋不同数值，以实现定量–半定量化。

(3)基础地质信息的平面插值和成图。在基础地质信息分布稀疏离散的情况下，对基础地质信息进行平面插值处理，生成统一比例尺的基础地质信息图。

(4)确定权重和叠加方法。结合评价区地质特点，根据各种基础地质信息或组合地质信息对页岩气富集所起的作用大小赋予不同的权重值。叠加方法主要有累加叠加、乘积叠加和取小叠加。

(5)生成综合信息图。把同类基础地质信息图平面上同一坐标点的 m 种基础地质信息值进行加权累加/连乘/取小叠加,形成组合地质信息图。把不同组合地质信息图叠加即形成综合信息图,依据该图数值变化,划定页岩气有利区。

2. 模糊综合评价法

地质作用是复杂的,有些特征可以定量表达,但有些却无法用定量的数值来表达,而是呈过渡状态渐变,具有界线的"不分明性",如岩石的颜色、成藏条件优劣等,所以只能用客观模糊或主观模糊的准则进行推断或识别。

页岩气形成和富集的地质现象具有典型的模糊性,不像常规油气那样具有明确的圈闭范围和油水边界,而是呈层状连续分布,具有普遍含气性,含气量呈连续非均质性变化,其含气边界具有典型的模糊性,不同含气特征之间没有明显界限,无法用截然分开的物理界限和数值界限确定页岩气的范围。此外,描述页岩气特征的地质变量也是模糊的,如页岩的含气性、保存条件的好坏、富集条件有利性等,没有明显的定量数值界限来对它们分级。因此,用模糊数学方法处理页岩气选区问题是合适的。

模糊综合评判法的基本原理是,评价某地质对象的好坏时,分别构建评价因素集合 U 及其子集 U_i、评价级别集合 V、权重分配集合 A 及其子集 A_i、相对评语表示子集 $R(U_i)$ 等,由 U 到 V 的模糊映射组成综合评价变换矩阵,再按照权重分配求出各个评价对象的综合评价值,按照该值大小对评价对象进行评价和排序。

模糊综合评价法的实施步骤主要有:

(1)构建评价因素集合。整埋收集到的资料,将地质资料分为不同类型和级别,若用 n 项地质因素评价某地质对象的好坏,则构成 n 项评价因素的集合 U,其中 U_i 是集合 U 的元素或子集,当 U_i 是 U 的子集时,它可由 n_i 项元素或次一级子集组成。

(2)选择适宜的评价级别集合。评价级别集合 V 可以划分为{好、中、差}、{好、较好、中等、较差、差}或更细。

(3)单因素决断。形成从 U 到 V 的模糊映射,则所有单因素的模糊映射就构成了一个模糊关系矩阵或综合评价变换矩阵($\boldsymbol{R}$)。

(4)确定权重分配集。 $A = \{A_1, A_2, \ldots, A_n\}$,要求 $\sum_{i=1}^{n} A_i = 1$ 。

(5)选择算子。矩阵合成算子主要有取小取大运算、乘积取大运算、取小求和运算及乘积求和运算,常用的是乘积求和运算。

(6)合成综合评价矩阵 $\boldsymbol{B} = A \cdot R$ 。

(7)有利性综合评价。根据 $D = BC^T$ 数值大小对评价对象进行综合评价和排序。

6.3.2 选区标准

依据我国页岩气资源特点，将页岩气分布区划分为远景区、有利区和目标区三级(图 6.11)。页岩气远景区是在区域地质调查基础上，结合地质、地球化学、地球物理等资料，优选出的具备规模性页岩气形成地质条件的潜力区域；页岩气有利区主要依据页岩分布、评价参数、页岩气显示，以及少量含气性参数优选出来，经过进一步钻探能够或可能获得页岩气工业气流的区域；页岩气目标区是在页岩气有利区内，主要依据页岩发育规模、深度、地球化学指标和含气量等参数确定，在自然条件或经过储层改造后能够具有页岩气商业开发价值的区域。

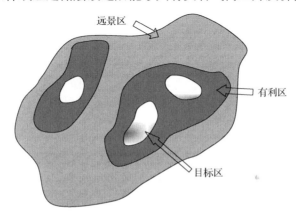

图 6.11　页岩气分布区划分示意图

根据有利区的地质条件和工作程度，将有利区划分为Ⅰ类、Ⅱ类和Ⅲ类。Ⅰ类有利区为已获页岩气工业气流的区域；Ⅱ类有利区为钻井、录井及岩心解吸获得页岩气的区域；Ⅲ类有利区为根据地质、地球化学、地球物理资料推测有页岩气发育的区域。

中国页岩气发育地质条件复杂，分为海相、海陆过渡相和陆相，在选区过程中宜按不同标准进行优选。以美国已商业性开采页岩气的基本参数、我国海相页岩气的实际地质参数及统计规律、我国气源岩分级标准等为依据，结合在不同地区的页岩气勘探实践，初步提出我国现阶段海相页岩气的有利区优选标准。

1. 远景区优选

选区基础：从整体出发，以区域地质资料为基础，了解区域构造、沉积及地层发育背景，查明含有机质泥页岩发育的区域地质条件，初步分析页岩气的形成条件，对评价区域进行以定性–半定量为主的早期评价。

选区方法：基于沉积环境、地层、构造等研究，采用类比、叠加、综合等技术，选择具有页岩气发育条件的区域，即远景区(表 6.4)。

表 6.4　海相页岩气远景区优选参考标准(张金川等，2011)

主要参数	变化范围
有机碳含量	TOC 平均不小于 0.5%(特殊情况可下调至 0.3%)
有机质成熟度	R_o 不小于 1.1%(根据具体情况 R_o 实际掌握，下同)
埋深	100～4500m
地表条件	平原、丘陵、山区、戈壁、沙漠及高原等
保存条件	有区域性页岩的发育、分布，保存条件一般

2. 有利区优选

选区基础：结合泥页岩空间分布，在进行了地质条件调查，并具备了地震资料、钻井(含参数浅井)及实验测试等资料，掌握了页岩沉积相特点、构造模式、页岩地化指标及储集特征等参数基础上，依据页岩发育规律、空间分布及含气量等关键参数在远景区内进一步优选出的有利区域。

选区方法：基于页岩分布、地化特征及含气性等研究，采用多因素叠加、综合地质评价、地质类比等多种方法，开展页岩气有利区优选及资源量评价(表 6.5)。

表 6.5　海相页岩气有利区优选参考标准(张金川等，2011)

主要参数	变化范围
页岩面积下限	有可能在其中发现目标(核心)区的最小面积，在稳定区或改造区都可能分布。根据地表条件及资源分布等多因素考虑，面积下限为 200～500km^2
泥页岩厚度	厚度稳定，单层不小于 10m
有机碳含量	TOC 平均不小于 2.0%
有机质成熟度	I 型干酪根 R_o 不小于 1.2%；II 型干酪根 R_o 不小于 0.7%
埋深	300～4500m
地表条件	地形高差较小，如平原、丘陵、低山、中山、戈壁、沙漠等
总含气量	不小于 0.5m^3/t
保存条件	中等—好

3. 目标区优选

选区基础：基本掌握页岩空间展布、地化特征、储层物性、裂缝发育、实验测试、含气量及开发基础等参数，有一定数量的探井实施，并已见到了良好的页岩气显示。

选区方法：基于页岩空间分布、含气量及钻井资料研究，采用地质类比、多

因素叠加及综合地质分析技术优选能够获得工业气流或具有工业开发价值的地区
(表 6.6)。

表 6.6　海相页岩气目标区优选参考标准(张金川等，2011)

主要参数	变化范围
页岩面积下限	有可能在其中形成开发井网并获得工业产量的最小面积，下限为 50～100km^2
泥页岩厚度	厚度稳定，单层厚度不小于 30m
有机碳含量	TOC 大于 2.0%
有机质成熟度	Ⅰ型干酪根 R_o 不小于 1.2%； Ⅱ型干酪根 R_o 不小于 0.7%
埋深	500～4000m
总含气量	不小于 1.0m^3/t
可压裂性	适合于压裂
地表条件	地形高差小，且有一定的勘探开发纵深
保存条件	好

6.4　调查井选取及有利区优选

6.4.1　调查井选取

在我国南方页岩气勘查之初，几乎没有钻井资料。而且我国海相页岩气资源
约有 50%分布在南方盆地外的露头区，这些露头区勘探程度很低，资料获取主要
依靠页岩露头。露头区主要是指处于现今盆地外围、具有富有机质泥页岩分布、
但常规油气勘探极少或未做过勘探工作，地震、钻井等相关资料极少或基本没有
的资料空白区。我国南方古生界海相富有机质页岩在上扬子地区广泛分布，其中
空白区占到总面积的 50%以上。根据页岩气聚集机理的特殊性，这些露头区也具
有页岩气资源潜力，且目前已在部分地区获得突破。因此，露头区是页岩气勘探
的重要领域，开展露头区页岩气资源调查与勘探具有重要的意义(沃玉进等，2006)。

调查井是以获取资料、发现页岩气为目的的钻探，是露头区页岩气勘探的主
要手段。调查井井位的优选决定了获取资料的完整度和页岩气发现的早晚。由于
露头区通常构造、地貌条件非常复杂，又缺乏地震等信息资料的指导和参考，只
能依据露头地质调查及露头样品的分析测试资料确定，调查井井位的优选非常困
难，可以借助模糊综合评判法对调查井井位进行优选。

结合我国南方页岩气地质条件和资料条件，提出了调查井井位的评语分级标
准和权重分配(表 6.7、表 6.8)，该分级标准由两个子集构成，分别是地质条件子
集(权重 0.7)和工程地质条件子集(权重 0.3)，各子集由多个因素组成。该分级标
准可在运用过程中结合实际资料和地质特点参考使用。

表 6.7 露头区页岩气调查井位优选地质条件分级标准

地质因素	好	较好	中等	较差	差	权重
页岩厚度/m	>40	40～30	30～20	20～10	<10	0.1
预测深度/m	1000～1500	800～1000 或 1500～1800	600～800 或 1800～2000	600～300 或 2000～3000	<300 或 >3000	0.15
地层倾角/(°)	<10	10～20	20～30	30～40	>40	0.1
断裂发育程度	弱	较弱	中等	发育	断裂带	0.1
与最近露头的距离/km	>2	1～2	0.5～1	<0.5	<0.1	0.1
有机碳含量/%	>2	2～1	1～0.5	0.5～0.4	<0.4	0.1
有机质成熟度/%	1.2～2.0	1.2～1.0 或 2.0～2.5	2.5～3.5	3.5～4.0	<1.0 或 >4.0	0.05
脆性矿物含量/%	40～50	50～55 或 35～40	55～60 或 35～30	60～65 或 30～25	<25 或 >65	0.05
应力场/构造事件	应力平衡区	应力较弱区	应力定向区	应力复杂区	应力集中区	0.05
水下水、地表水条件	不活跃	活动弱	活动较强	活动强	强烈交换	0.1
开口层位确定程度	确定	相对确定	基本确定	推测	不确定	0.1
合计						1.0

表 6.8 露头区页岩气调查井位优选工程地质条件分级标准

工程地质因素	好	较好	中等	较差	差	权重
井场地形高差/m	<100	100～200	200～300	>300	>500	0.1
与村庄、铁路、景区、水库和电网等设施的距离/m	远离	较近	临近	贴近	重叠	0.05
需辅修、改造的进场道路/m	0	50	500	>1000	>2000	0.1
道路交通	国道	省道	县道	乡道	仅小型车辆可通行	0.2
勘探纵深面积/km²	>10	10～5	5～2	<2	0	0.1
可利用水源	丰富	较丰富	一般	缺水	无地表水	0.15
空中障碍物	无障碍	轻微遮挡	遮挡	可改造性遮挡	严重遮挡	0.1
土地使用情况	废弃矿场	荒地	差地	良田	特殊用地	0.2
合计						1.0

6.4.2 有利区优选

有利选区评价涉及页岩气多方面参数，北美地区页岩气选区评价方法主要有综合风险分析法（CCRS 方法）、边界网络节点法（BNN—Boundary Network Node）和地质参数图件综合分析法。根据页岩气的地质条件和开采技术不同，所采用的评价指标体系也不相同，主要区别在于有的选区参数比较全面，而有的更侧重于或强调某些参数。针对上扬子地区下古生界海相页岩气采用地质参数图件综合分析法进行有利区优选评价。上扬子地区最大的特点就是后期改造活动强、有机质演化普遍偏高。因此依据上扬子地区页岩气资源特点，结合研究区具体地质特点，主要选取富有机质页岩厚度、有机碳含量、有机质成熟度、储集物性、埋藏深度、保存条件和含气性等参数对页岩气有利区进行评价。上扬子地区下寒武统页岩气聚集发育有利区位于川南、黔北—湘西和渝东北(图 6.12)。

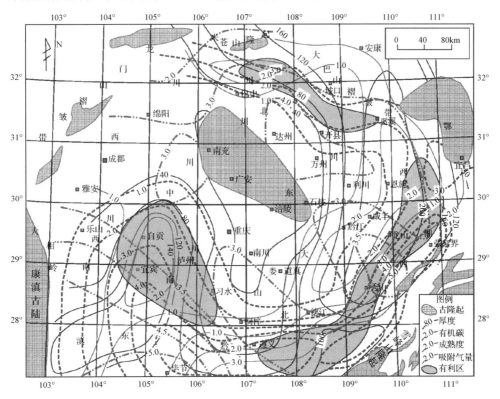

图 6.12　上扬子地区下寒武统牛蹄塘组页岩气有利区分布图

川南地区：该区沉积时为川南深水陆棚和湘黔热水深水陆棚区，与华南洋相通，黑色页岩在自贡—宜宾—泸州—习水一带可达 40～140m；有机碳含量普遍大于 2%，有机碳含量在 2.0% 以上的富有机质页岩厚度较大、分布范围较广，局部地区的有机碳含量超过 5%；成熟度(R_o)较高，均超过 2%，达到过成熟晚期阶段以后，失去生气能力，但可以保存先前生成的天然气；保存条件相对较好，吸附气含量基本在 $1.5m^3/t$ 以上，该区多口井穿过下寒武统黑色页岩段均发现了工业页岩气流。

黔北—湘西地区：该区沉积时大部分属于深水陆棚区，在岑巩—江口—松桃—

秀山—龙山一带厚度最大超过200m，一般超过80m；有机碳含量大于2%，在湘西张家界—吉首和黔北岑巩—江口—松桃有机碳含量超过5%；成熟度介于2%～3%；埋藏相对适中，保存条件相对较好，吸附气量基本在1.5m³/t以上，其中的招标区块压裂井获得了页岩气流。

渝东北地区：深水陆棚区，与秦岭洋相联系，沉积了大套的碳质页岩、黑色页岩，黑色页岩厚度较大；在城口一带厚度大于80m，有机碳含量均超过2%，局部地区达到3%；成熟度在2%～3.5%，为过成熟阶段；埋藏相对较浅，受构造事件改造，地表、保存条件一般，吸附气量基本在1.5m³/t以上，多口页岩气调查井发现气显现象。

上扬子地区下志留统页岩气聚集发育有利区位于川南、渝东南—鄂西和渝东北(图6.13)。

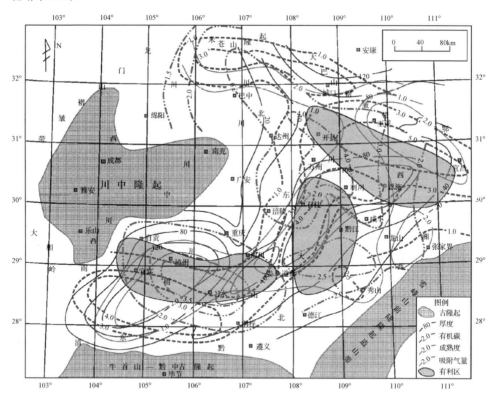

图6.13　上扬子地区下志留统龙马溪组页岩气有利区分布图

川南地区：在黔中隆起和川中古隆起夹持的前陆盆地滞留环境的深水陆棚中沉积了厚层的黑色页岩，厚度较大，最小厚度超过40m，在宜宾—泸州—习水一带厚度为80～200m，为有机碳高值区，有机碳含量高达4.28%；页岩成熟度较大，成熟度介于2%～3.5%，处于过成熟早期阶段和过成熟晚期阶段早期，虽失去生气能力，但由于其高的有机碳含量和高的孔隙度，尚能在条件适合的区域保存大量天然气资源；吸附气量基本在 1.5m³/t 以上，该地区已开展页岩气产能建设。

渝东南—鄂西地区：该区沉积时大部分属于深水陆棚区，黑色页岩在石柱—武隆—黔江—利川—咸丰—秀山一带厚度一般超过 60m，其中渝页 1 井厚度达220m；有机碳含量高达 5.32%；吸附气量基本在 1.5m³/t 以上；该区页岩成熟度介于 2.5%～3.5%，处于过成熟早期阶段和过成熟晚期阶段；埋藏相对较浅，受构造事件改造严重，地表、保存条件一般，在保存条件较好的区域页岩气可聚集成藏，该地区已发现了大型页岩气田。

渝东北地区：深水陆棚区，与秦岭洋相联系，沉积了大套的碳质页岩、黑色页岩，厚度较大；该区的黑色页岩在巫溪一带厚度大于 100m，有机碳含量普遍大于 2%，成熟度介于 2.0%～3.5%，为过成熟阶段；该区保存条件一般，吸附气量基本在 1.5m³/t 以上，该区多口井穿过下志留统黑色页岩段均发现了气显现象。

7 页岩气资源潜力

7.1 评价方法优选

7.1.1 页岩气资源评价方法影响因素

页岩气资源是页岩层系中赋存的页岩气总量，是发现与未发现资源量的总和。资源量一般来说分为三级，分别为远景资源量、地质资源量和可采资源量(卢双舫等，2012)。远景资源量是根据少量地质、地球物理、地球化学资料统计或类比估算的尚未发现的资源量，可推测今后油气田被发现的可能性和规模的大小，要求估算值具有一定的合理范围。页岩气地质资源量是根据一定的地质依据计算当前可开采利用或可能具有潜在利用价值的页岩气数量，即根据目前地质资料计算出来、在勘探工作量和勘探技术充分使用的条件下，最终可探明的具有现实或潜在经济意义的页岩气总量。页岩气可采资源量是在现行的经济和技术条件下，预期从某一具有明确物理边界的页岩范围内(最终)可能采出并具有经济意义的页岩气数量。

我国页岩气资源评价工作已进行了将近 10 年，美国更是有约 30 年的评价经验，现已形成非常多的页岩气资源评价方法，按勘探开发生产及操作可将其分为静态资源评价方法和动态资源评价方法两类，而根据各方法依据原理，又可将其分为成因法、类比法、统计法和综合法四类(张大伟等，2012)。

页岩气资源评价各方法均有相应的参数、优缺点及适用条件(表 7.1)，方法的选择直接取决于参数特征(董大忠等，2009)，这里参数特征主要包括参数来源特征、参数分布特征，而影响这两个特征的主要因素则为勘探开发程度、沉积和构造作用。

1. 勘探开发程度

由表 7.1 可以将参数分为两大类：地质参数和生产参数，地质参数主要包括页岩面积、厚度、密度、含气量等；生产参数包括井控面积、储量、初始产量、瞬时产量、瞬时地层压力等。拥有参数的不同导致可供选择的方法不同，而这些参数取决于评价区勘探开发程度，不同勘探开发阶段能够提供的资料是有差别的，进而影响资源评价方法的选择。

表 7.1 页岩气资源评价方法对比表

分类	方法	基本公式	直接参数	优点	缺点	适用条件
成因法	饱和吸附留经法	$Q=\rho ShN_{吸}$	页岩埋深、生烃潜力指数、厚度、面积、密度	考虑到排气系数获取难的问题，降低误差	计算过程较为复杂	改造作用较弱，且热演化程度适中地区
	TOC 法	$Q=\rho ShM(1-k)$	页岩厚度、面积、密度、TOC、TOC恢复系数、"A"含量、干酪根含量、总经量、产经率、排气系数	实验数据易获取，计算简单	排气系数现无法准确获取，精度较低	改造作用较弱地区，但不适用于演化程度过高地区
	"A"法					
	总经法					
	产烃率法					
类比法	盆地模拟法	沉降史、沉积史、地热史、生经史及构造史	地化、地质、油气物理等	允许分考虑地质非均质性，可获得页岩气资源空间分布情况	参数数据多、模拟过程复杂、评价难度大	需要资料多，适用于中-高勘探程度地区
	面积丰度类比法	$Q=SaP_s$	页岩面积、标准区资源面积丰度、类比系数	操作简单、快速	标准区选取难度大，类比系数获取主观性强	评价区有效厚度获取难度大、低勘探程度地区
	体积密度类比法	$Q=VaP_v$	页岩面积、厚度、密度、标准区积丰度、类比系数			低勘探程度地区
	含气量类比法	$Q=Shpqa$	页岩面积、厚度、密度、标准区、类比系数			
	EUR类比法	$Q=\dfrac{S}{A}EURa$	页岩面积、厚度/EUR、类比系数			低勘探程度地区，已知标准区含气量数据，目标区与评价区相似性极高地区
	体积速率法	$\lg Q=m\lg v+n$	页岩面积、厚度、密度、页岩年龄	所需参数少且易取，计算简单	公式拟合依据理论性强，参数少	参与公式拟合区及评价区地质成藏背景相似
综合法	特尔菲法	$Q=\sum_{i=1}^{n}Q_iR_i$	各资源量、权重	操作简单、快速、结合专家经验及实际情况，适用范围广	权重赋值上主观性强	低勘探程度地区

续表

分类	方法	基本公式	直接参数	优点	缺点	适用条件
	体积法	$Q=0.01Shpq$	页岩面积、厚度、密度、含气量	计算过程简单，计算精度较高	未考虑参数非均质性，含气量准确获取难度大	中一较高勘探程度地区，改造作用较弱地区
	概率体积法	$Q_p=0.01S_p h_p \rho_p q_p$	页岩概率面积、概率厚度、概率密度、概率含气量	考虑到参数非均质性问题，计算精度高	含气量准确计算是难题	中一高勘探程度地区
	评价单元划分法	$Q=\sum_{i=1}^{n} Q_i$	页岩面积、厚度、密度、含气量，小单元面积/EUR、井控面积和类比系数	减弱了地质非均质性问题	操作复杂、难度大，如有类比单元，则类比系数的加入会降低结果精度	中一高勘探程度地区
统计法	FORSPAN法	$Q=\sum_{i=1}^{n} Q_i + Q_{增}$	评价单元总面积、EUR、生产井数量、钻探成功率、井控探成功率、未来钻探成功率	生产数据多，数据可靠	子单元内参数做平均处理，未考虑总非均质性	高勘探程度地区，有较多生产井地区
	物质平衡法	$P/Z = -\dfrac{G_p}{G} + \dfrac{P_i}{Z_i}$	原始地层压力、瞬时地层压力、瞬时产量	参数数据准确，结果可靠性高	操作条件要求高，计算模型多样，需视情况调整	改造作用较弱，较高勘探程度地区
	递减曲线法	$G_{p(t)} = \left[\dfrac{q_i^b}{D_i(b-1)}\right]\left(q^{1-b} - q_i^{1-b}\right)$	初始产量、瞬时产量、累计产量	参数数据可靠，能够反应生产过程的动态变化	若生产时间较短，则评价结果具有不确定性	较高勘探程度地区，生产井产量已进入下降阶段
	规模序列法	$Q_{总} = \sum_{j=1}^{i} \dfrac{Q_{max}}{j^k}$	生产井储量/评价区"甜点"资源量	所需参数少，考虑问题少	规模序列求取过程复杂，在常规精度高，但在页岩气中精度较差	评价区内至少能够算出三个"甜点"资源量或储量

虽然总体上我国页岩气勘探开发仍处于起步阶段，但不同地区勘探开发程度仍有区别，目前对勘探开发程度划分的相关研究是以整个油气系统为对象，对页岩气勘探开发程度的针对性研究尚处于空白阶段，现根据我国页岩气实际勘探情况及资料呈现情况，以野外地质资料、地震资料、实验数据资料、钻井、生产井为划分指标，对页岩气勘探开发程度进行定性划分(表 7.2)。

表 7.2　不同勘探开发程度页岩气资源评价方法优选表

项目	勘探开发程度			
	低	中	较高	高
野外地质资料	有	多	大量	大量
地震资料	区域	大量 2D	2D+ 3D	大量 2D+ 3D
实验数据资料	少量	多	大量	大量
探井	很少	较多	多	多
生产井	无	无	少量	大量
评价方法优选	特尔菲法 成因法 类比法 规模序列法	体积法 概率体积法 评价单元划分法 盆地模拟法	物质平衡法 递减曲线法 体积法 概率体积法 评价单元划分法 盆地模拟法	FORSPAN 法 物质平衡法 递减曲线法 规模序列法

根据该划分方案，低勘探开发程度地区有野外地质资料，进行了区域性的地震勘探，并有少量的实验数据资料及个别探井，通过这些资料可以了解评价区地层、沉积、构造等基本地质情况，可获得页岩厚度、面积、密度、含气性等地质参数数据，但数据质量较差，可选用成因法、类比法、规模序列法及特尔菲法对评价区页岩气资源量进行简单预测。中勘探开发程度地区有较多的野外地质资料、大量二维(2D)地震资料、较多的实验数据资料及探井资料，可提供大量的地质参数数据，适宜选用盆地模拟法、体积法、概率体积法和评价单元划分法。

较高勘探开发程度地区有大量的野外地质资料、大量的二维和少量三维(3D)地震资料、大量的实验数据资料及探井资料，加上少量的生产井资料。该勘探开发程度在中勘探开发程度的基础上加了少量的生产动态资料，可选用一些动态评价方法，但在该阶段页岩气生产井数量不多，所以动态方法中选用物质平衡法和递减曲线分析法，体积法、概率体积法、评价单元划分法及盆地模拟法在该阶段也可适用。

高勘探开发程度地区有大量的地质资料及丰富的生产动态数据，可以以精度较高、更具经济意义的动态评价方法为主来预测评价区储量，可以选用 FORSPAN 法、物质平衡法、递减曲线法及规模序列法。

2. 沉积相

不同沉积相其页岩厚度、分布、TOC、含气量等页岩气资源量计算相关参数变化特点是不一样的，通过讨论相关参数特征，结合各页岩气资源评价方法适用条件，对不同沉积相页岩气资源评价方法进行优选(表 7.3)。

表 7.3　不同沉积相页岩气资源评价方法优选表

沉积相	海相	海陆过渡相	陆相
页岩特点	分布稳定、厚度大、连续性强	分布稳定，厚度薄，"砂泥煤灰"频繁互层	侧向变化快，厚度薄，累计厚度大
参数变化	随深度变化平稳，横向均一性强	变化剧烈、非均质性强	变化较为剧烈，突变性强
评价方法优选	成因法、类比法、特尔菲法、体积法、物质平衡法、递减曲线法、FORSPAN 法	面积丰度类比法、EUR 类比法、特尔菲法、概率体积法、盆地模拟法、递减曲线法、FORSPAN 法及规模序列法	成因法、类比法、特尔菲法、评价单元划分法、概率体积法、物质平衡法、递减曲线法、FORSPAN 法、规模序列法

上扬子地区牛蹄塘组和龙马溪组黑色页岩的沉积环境主要是海岸相、浅海相和半深海相(陈波和皮定成，2009)。海相页岩发育沉积环境稳定、水动力条件弱，易形成大套、连续的富有机质页岩。黔西北地区下寒武统牛蹄塘组及下志留统龙马溪组均属于浅海陆棚相，黔西北地区龙马溪组早期发育深水陆棚相，以黑色页岩为主，到龙马溪组中后期，水体变浅，转为浅水陆棚相，岩性以灰色、灰绿色泥岩、砂质泥岩为主，页岩厚度大且分布稳定(郭旭升，2014)。道页 1 井龙马溪组页岩厚度大，连续性好，从深水陆棚相到浅水陆棚相随着水体变浅，岩性从灰黑色碳质页岩转变为灰色钙质页岩，有机碳含量逐渐减小。

海相页岩一般发育于静水还原环境下，纵向上页岩单层厚度大，含有夹层较薄且数量少，TOC、含气性等参数随埋深规律性变化，非均质性小，容易获取有效页岩厚度等参数；平面上，页岩分布稳定，同一沉积环境下参数平面变化平稳，可以较为容易地获得富有机质页岩面积。在此情况下，页岩气资源评价可以选择一些简单的方法，勘探程度较低时，可以选择成因法、类比法、特尔菲法，勘探程度较高时，可以选择体积法，如果有开发资料，也可以选择物质平衡、递减曲线法或 FORSPAN 法，但是规模序列法使用条件是评价区内规模个体能够独立分开，在海相这较为简单均一的地质条件下不太适用。

3. 盆地改造

构造作用对页岩分布具有绝对控制作用(杨俊杰，2002)，通过对比不同盆地类型的页岩特点，分析相关参数变化及构造改造强弱情况，以优选出适宜的页岩气资源评价方法(表7.4)。

表7.4 不同盆地类型页岩气资源评价方法优选表

盆地类型	原形盆地		改造盆地	残留盆地
	前陆/克拉通盆地	断陷盆地		
分布地区、层位	南方、华北—东北地区的中新生代，西北地区的中生代等		南方、华北—东北地区的晚古生代，西北地区古生代等	南方地区的早古生代
页岩特点	剖面上连续性好，平面上连片分布	剖面上断块式分布，平面上连片分布	剖面上构造较为复杂，平面连续性较好	剖面上构造复杂，平面上剥蚀严重，连续性差
构造作用	弱		较强	强
评价方法优选	成因法、类比法、特尔菲法、体积法、物质平衡法、递减曲线法和FORSPAN法		成因法、类比法、特尔菲法、概率体积法、评价单元划分法、物质平衡法、递减曲线法和FORSPAN法	类比法、特尔菲法、概率体积法、评价单元划分法、递减曲线法、FORSPAN法和规模序列法

南方下古生界是典型的海相页岩残留盆地(聂海宽等，2009)，自下古生界发育以来，先后经历了加里东、海西、印支、燕山及喜山等大的构造事件，遭受大规模的褶皱变形和隆升剥蚀，形成逆冲推覆、走滑与拉张多应力背景的复杂构造样式，尤以川东和湘鄂西地区隔挡隔槽型构造样式最为典型，其在背斜处发生剥蚀作用，在平面上形成一个个不连续的小洼陷，连续性差。

南方下古生界残留盆地由于时代老，热演化程度高。通过统计大量 R_o 数据(表7.5)可以看出南方下古生界热演化程度普遍大于2.0%，处于过成熟阶段。

表7.5 南方地区页岩 R_o 分布表

层系	四川盆地	上扬子地区	中扬子地区	下扬子地区
上奥陶—下志留统	1.04~4.3/2.61	1.2~4.3	2.05~4.21/2.61	1.28~4.48
寒武系	1.5~4.3/3.13	1.6~5.5	2.31~4.46/3.52	1.5~5
震旦系	—	—	2.71~4.52/3.65	—

7.1.2 页岩气资源评价方法优选

通过上述页岩气资源评价方法适用条件及不同条件下评价方法的讨论，我们在方法优选时需要遵循一定的原则，总的可以概括为"实事求是、保证精度、去繁从简"。

1. 实事求是

在页岩气资源量计算过程中，贯通全程的关键即是参数，所以在方法优选时应结合实际勘探程度及地质条件，确定在现有条件下可获得的参数及参数的变化特征，从而选择出适合该条件的方法。

2. 保证精度

若选出的符合特定条件的方法不止一个，则应根据各方法原理、相关参数多寡、参数可靠程度等选择相对精度较高的方法。

3. 去繁从简

在满足以上两条原则后，秉着"就易不就难"原则，选择评价过程相对较为简单、工作量相对较少的方法。

上扬子地区是目前我国页岩气勘探开发程度最高、取得成果最多的地区，目前我国页岩气钻井中将近 90% 来自该地区，获得了大量的地质钻井、实验测试等资料，且涪陵、长宁—威远、昭通三大页岩气田的突破更是为南方地区带来了第一手的生产开发资料。

上扬子地区下古生界黑色页岩主要是海相沉积环境，富有机质页岩厚度大，有机质类型主要为 I 型和 II$_1$ 型，TOC 含量高，总体介于 0.07%～13.46%，由于海相富有机质页岩埋藏较深、热演化程度高，R_o 高，介于 1.04%～5.5%，多数处于过成熟阶段(韩双彪等，2013)。构造上上扬子地区构造复杂，后期改造作用强烈，发育川中古隆起、川东隔挡式构造、湘鄂西隔槽式构造、雪峰隆起等复杂构造样式，其中下古生界海相页岩在川中古隆起区、湘鄂西地区和雪峰隆起区由于抬升发生剥蚀。

综上，上扬子地区下古生界页岩勘探开发程度总体处于较高勘探开发程度，为残留盆地，评价方法上建议选用概率体积法和评价单元划分法。

7.1.3　概率体积法

概率体积法是针对页岩气资源赋存方式的特殊性进行资源评价的一种方法。具体地，页岩气地质资源量表示为页岩重量与单位重量页岩所含天然气的乘积。相对其他方法，概率体积法涉及的关键参数面积、厚度、密度及含气量等易准确获取。考虑到数据的可获得性，使用概率体积法进行页岩气资源评价时所涉及的关键参数在平面上、纵向上均具有很明显的非均质性，引入了统计学中概率论的概念，各参数以概率的形式赋值，可得到不同概率条件下的页岩气资源量(张金川等，2012)，该方法也是国土资源部"全国页岩气资源潜力调查评价及有利区优选"项目页岩气资源潜力评价统一选用方法，并取得了良好的应用效果。

页岩气地质资源量为页岩质量与单位质量页岩所含天然气(含气量)之概率乘积。假设 Q 为页岩气资源量(亿 m^3)，A 为含气页岩面积(km^2)，h 为有效页岩厚度(m)，ρ 为页岩密度(t/m^3)，q 为含气量(m^3/t)，则：$Q=0.01Ah\rho q$。页岩气可采资源量可直接由地质资源量与可采系数相乘而得。假设 Q_r 为页岩气可采资源量(亿 m^3)，k 为可采系数(无量纲)，则，$Q_r=Q_t k$。

1. 概率赋值

计算过程中，所有的参数均可表示为给定条件下事件发生的可能性或者条件概率。条件概率的地质意义是在不同的概率条件下地质过程发生及参数分布的可能性。不同的条件概率按下表所列进行赋值(表 7.6)。

表 7.6 参数条件概率的地质含义

条件概率	参数条件及页岩气聚集的可能性	把握程度	赋值参考	
P_5	非常不利，机会较小	基本没把握	勉强	乐观倾向
P_{25}	不利，但有一定可能	把握程度低	宽松	
P_{50}	一般，页岩气聚集或不聚集	有把握	中值	
P_{75}	有利，但仍有较大的不确定性	把握程度高	严格	保守倾向
P_{95}	非常有利，但仍不排除小概率事件	非常有把握	苛刻	

评价单元中的各项参数均以实测为基础，分布上要有代表性。对取得的各项参数进行合理性分析，确定参数变化规律及取值范围，经统计分析后分别赋 P_5、P_{25}、P_{50}、P_{75}、P_{95} 五个特征概率值。需要特别指出的是，三个特征概率值是概率体积法计算资源量的下限。

2. 起算条件

(1)合理确定评价层段。要有充分证据证明拟计算的层段为含气页岩段。在含油气盆地中，录井在该段发现气测异常；在缺少探井资料的地区，要有其他油气异常证据；在缺乏直接证据情况下，要有足以表明页岩气存在的条件和理由。

(2)有效厚度。海相页岩单层厚度大于 10m。计算时应采用有效厚度进行赋值计算。若夹层厚度大于 3m，则计算厚度时应予以扣除。

(3)有效面积。连续分布的面积大于 50km^2。

(4)有机碳含量和 R_o。计算单元内必须有有机碳含量大于 2.0%，且具有一定规模的区域。成熟度 R_o 小于 3.5%。Ⅰ 型干酪根大于 1.2%；Ⅱ$_1$ 型干酪根大于 0.9%；Ⅱ$_2$ 型干酪根大于 0.7%。

(5)埋藏深度。主体埋深在 500~4500m。

(6)保存条件。无规模性通天断裂破碎带，非岩浆岩分布区，不受地层水淋滤影响等。

(7)不具有工业开发基础条件(例如含气量低于 0.5m³/t)的层段,原则上不参与资源量评价。

3. 软件化

由于资源量计算过程中,涉及的参数多、数据量大,并且需要进行概率统计取值,增加了资源评价过程中的计算量。为了保证计算的准确性,提高资源评价的效率,规范计算过程的操作,研发了页岩气资源评价软件系统。

为了克服页岩气评价参数的不确定性,保证评价结果的科学性和合理性,依照资源潜力评价中参数的取值原则,以实际地质资料为基础,对主要计算参数分别赋予不同概率的数值,通过统计分析及概率计算获得不同概率下的资源量评价结果。

依据条件概率体积法评价原理,所涉及的、参与评价计算的关键参数主要包括有利区面积、有效厚度、页岩密度、含气量和可采系数。

1)有利区面积

根据有利区约束因素和概率条件,赋予不同的特征值。对于盆地内稳定区,目的层系未经历隆升剥蚀作用,直接采用有利区面积参与计算;对于盆缘改造区,地质历史时期经历过大规模的隆升剥蚀作用,有利区面积按照剥蚀程度予以扣除并赋概率值。计算单元的最小连续分布面积不少于50km²。

2)有效厚度

受沉积微相、岩性等条件影响,有效厚度受地质条件变化影响较大。只有当页岩层系中的含气量相对富集并达到一定的水平时,才具有勘探开发价值。有效页岩段有机碳含量大于 1.0%。成熟度大于有效值。脆性矿物含量大于 40%。黏土矿物含量小于 30%。孔隙度大于 1.0%。渗透率大于 0.0001mD。含气量大于0.5m³/t。

假设有效页岩段由评价单元 1、评价单元 2……评价单元 n 组成,厚度分别为 h_1、$h_2\cdots h_n$,则参与计算的有效页岩段厚度为 $h=h_1+h_2+\cdots+h_n$(图 7.1)。在勘探程度较高的勘探区,以页岩气钻井为基础,结合测井曲线、气测数据、有机碳含量及含气量等数据确定优质段页岩厚度;在勘探程度较低,缺少钻井资料的勘探区,采用野外地质剖面进行有效页岩段厚度的计算。

对于有效页岩厚度的确定,要求单层计算厚度大于 10m 或连续厚度大于30m(泥地比大于 60%)。计算时应采用有效厚度进行赋值计算。若夹层厚度大于3m,则计算厚度时应予以扣除。将获取的页岩有效厚度按照其分布函数求取不同概率条件下的特征值。

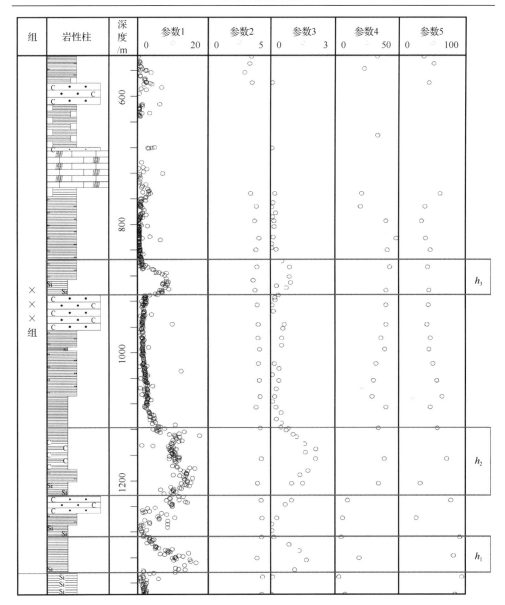

图 7.1　纵向评价单元划分示意图

具体参数赋值以牛蹄塘组为例，有效厚度分布主要遵循正态分布模型，那么 $60.6 \sim 150 \text{m}$ 之间的离散值，其正态分布模型概率密度分布函数为 $\upsilon(x) = \dfrac{1}{23.3\sqrt{2\pi}} \mathrm{e}^{\frac{1}{2\times23.3^2}(x-87.4)^2}$（$0 \leqslant x < \infty$），直接对概率密度函数积分，以概率分布图为基础，求出不同概率条件下(95%、75%、50%、25% 和 5%)的优质段厚度值分别

为 49.2m、71.8m、87.5m、103.2m 和 125.8m(图 7.2)。

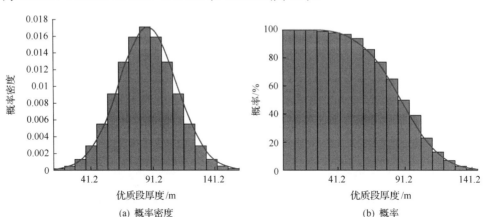

图 7.2　优质段厚度概率密度和概率分布图

3) 页岩密度

页岩的岩石密度也有一定的变化,属离散数据,根据其分布函数求取不同概率条件下的页岩密度特征值。

以牛蹄塘组泥页岩密度为例,分布在 1.91～2.57t/m³ 之间,平均为 2.35t/m³。密度分布主要遵循正态分布模型,正态分布模型概率密度分布函数为 $\upsilon(x) = \dfrac{1}{0.1614\sqrt{2\pi}}e^{\frac{1}{2\times0.1614^2}(x-2.35)^2}$ $(0 \leqslant x < \infty)$,不同概率条件下(95%、75%、50%、25% 和 5%)的密度值分别为 2.08t/m³、2.25t/m³、2.35t/m³、2.46t/m³ 和 2.62t/m³(图 7.3)。

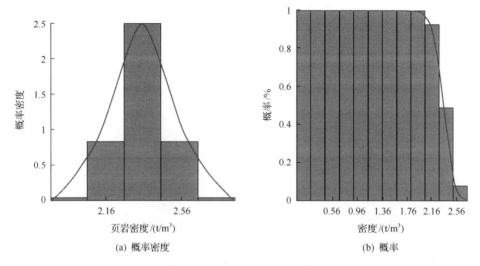

图 7.3　泥页岩概率密度和概率分布图

4) 含气量

上扬子地区的设定及划分是建立在一定研究基础和勘探发现基础上的，因此含气量建议采用现场解析总含气量。含气量属离散数据，根据其分布函数求取不同概率条件下的含气量特征值。总含气量不小于 0.5m³/t。

含气量分布亦主要遵循正态分布模型，统计钻井含气量，根据其正态分布模型概率密度分布函数分别求取不同概率条件下的含气量值。以牛蹄塘组为例，其正态分布模型概率密度分布函数为 $v(x) = \dfrac{1}{0.4249\sqrt{2\pi}}e^{\frac{1}{2\times4249^2}(x-0.93)^2}$ $(0 \leqslant x < \infty)$，求得不同概率条件下 (95%、75%、50%、25% 和 5%) 的密度值分别为 0.20t/m³、0.63t/m³、0.93t/m³、1.23t/m³ 和 1.67t/m³。

5) 可采系数

页岩气资源比常规油气分布更广泛，不仅可以分布在盆地内，还可以分布在盆地外围，地表条件更为复杂，工程地质条件差别较大。不同页岩层系的沉积类型、成岩作用、有机质含量、有机质成熟度、脆性矿物含量、岩性垂向组合、平面分布等特征有差异，代表了不同的页岩气勘探开发地质条件。

评价中可采系数的取值主要考虑地质条件、工程条件及技术经济条件，主要依据页岩气发育的层系和地表条件，并借鉴国外取值 (图 7.4)，确定本次评价可采系数赋值见表 7.7。

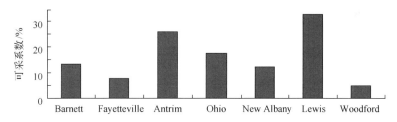

图 7.4 美国七大盆地页岩气可采系数统计柱状图

表 7.7 可采系数取值标准 (张金川等，2011) (单位：%)

地表条件	寒武系及前寒武系	志留系	上古生界	中新生界
高山	0～5	0～5	0～5	0～5
中山	5～10	5～10	5～10	5～10
沙漠、戈壁	5～15	10～15	10～20	10～20
黄土塬、高原(除青藏外)	10～15	10～15	15～20	15～25
低山	10～15	10～20	15～25	20～30
丘陵、平原	10～15	10～25	20～25	25～30

在上述参数选取原则的基础上，确定了主要评价参数（表 7.8）。

表 7.8　页岩气资源参数赋值表

工作区	层系	有利区	参数	概率取值				
				F5	F25	F50	F75	F95
黔北	下志留统龙马溪组	南川	面积/km²	821.25	532.75	364.5	303.75	181
			厚度/m	94	86	78	70	66
			总含气量/(m³/t)	3.23	2.77	2	1.33	0.96
			密度/(g/cm³)	2.58	2.51	2.45	2.36	2.21
			可采系数	0.15	0.15	0.15	0.15	0.15
		道真	面积/km²	2085.78	1477.5	1222	961.5	509.5
			厚度/m	90	76	62	55	48
			总含气量/(m³/t)	3.5	3	2.2	1.53	0.96
			密度/(g/cm³)	2.58	2.51	2.45	2.36	2.21
			可采系数	0.15	0.15	0.15	0.15	0.15
		沿河	面积/km²	753.79	686.27	416.25	173.7	87.73
			厚度/m	43	40	32	18	13
			总含气量/(m³/t)	2.49	1.88	1.43	1.12	0.93
			密度/(g/cm³)	2.58	2.51	2.45	2.36	2.21
			可采系数	0.15	0.15	0.15	0.15	0.15
	下寒武统牛蹄塘组	遵义	面积/km²	10906.25	8489.5	5546.88	4530.79	3618.75
			厚度/m	86	63	51	42	34
			总含气量/(m³/t)	2.7	2.15	1.5	1.22	0.89
			密度/(g/cm³)	2.63	2.47	2.32	2.19	1.98
			可采系数	0.15	0.15	0.15	0.15	0.15
		铜仁	面积/km²	12006.24	9718.79	7056.26	4387.5	2639.7
			厚度/m	86	74	63	55	38
			总含气量/(m³/t)	3.21	2.63	1.9	1.26	0.91
			密度/(g/cm³)	2.63	2.47	2.32	2.19	1.98
			可采系数	0.15	0.15	0.15	0.15	0.15
		黔东南	面积/km²	4527.73	3756.32	2687.97	1642.73	955.21
			厚度/m	105	97	89	80	63
			总含气量/(m³/t)	3.35	2.56	2	1.3	0.9
			密度/(g/cm³)	2.63	2.47	2.32	2.19	1.98
			可采系数	0.15	0.15	0.15	0.15	0.15

续表

工作区	层系	有利区	参数	概率取值				
				F5	F25	F50	F75	F95
黔北	下寒武统牛蹄塘组	黔南	面积/km²	4170.3	3376.21	2768.9	1842.73	789.96
			厚度/m	92	81	74	66	58
			总含气量/(m³/t)	2.98	2.25	1.78	1.21	0.78
			密度/(g/cm³)	2.63	2.47	2.32	2.19	1.98
			可采系数	0.15	0.15	0.15	0.15	0.15
		贵阳	面积/km²	3946.23	3067.85	2567.6	1818.79	1095.69
			厚度/m	71	65	50	46	39
			总含气量/(m³/t)	2.5	2	1.5	0.96	0.61
			密度/(g/cm³)	2.63	2.47	2.32	2.19	1.98
			可采系数	0.15	0.15	0.15	0.15	0.15
	下寒武统变马冲组	铜仁	面积/km²	1836.21	1689.32	1125.1	769.74	493.5
			厚度/m	89	84	81	69	58
			总含气量/(m³/t)	2.82	2.36	1.53	1.16	0.81
			密度/(g/cm³)	2.59	2.47	2.35	2.16	1.98
		黔东南	面积/km²	2987.73	2351.54	1535.46	1228.65	936.43
			厚度/m	82	78	72	65	56
			总含气量/(m³/t)	2.9	2.34	1.57	1.16	0.87
			密度/(g/cm³)	2.59	2.47	2.35	2.16	1.98
川东南及鄂西渝东	下志留统龙马溪组	—	面积/km²	28710.00	24404.00	14790.00	6890.00	3732.00
			厚度/m	120.00	95.00	70.00	45.00	15.00
			密度/(g/cm³)	2.52	2.50	2.49	2.47	2.46
			总含气量/(m³/t)	2.70	1.90	1.40	1.20	0.90
	下寒武统牛蹄塘组	—	面积/km²	24399.00	18299.00	11800.00	6588.00	5368.00
			厚度/m	120.00	105.00	75.00	45.00	15.00
			密度/(g/cm³)	2.55	2.53	2.52	2.50	2.49
			总含气量/(m³/t)	2.80	2.20	1.50	1.30	1.00
川南	下志留统龙马溪组	川东	面积/km²	13716.00				
			厚度/m	30.00	25.00	20.00	15.00	10.00
			密度/(g/cm³)	2.70	2.65	2.60	2.55	2.50
			总含气量/(m³/t)	5.00	3.00	2.50	1.00	1.05

工作区	层系	有利区	参数	概率取值				
				F5	F25	F50	F75	F95
川南	下志留统龙马溪组	蜀南	面积/km²	14219.00				
			厚度/m	120.00	100.00	80.00	52.00	25.00
			密度/(g/cm³)	2.70	2.65	2.60	2.55	2.50
			总含气量/(m³/t)	5.00	3.00	2.50	1.00	1.05
		昭通	面积/km²	2799.00				
			厚度/m	80.00	62.00	45.00	32.00	20.00
			密度/(g/cm³)	2.70	2.65	2.60	2.55	2.50
			总含气量/(m³/t)	4.00	3.00	2.00	1.00	1.05
	下寒武统筇竹寺组	蜀南	面积/km²	7340.00				
			厚度/m	120.00	100.00	80.00	70.00	60.00
			密度/(g/cm³)	2.70	2.65	2.60	2.55	2.50
			总含气量/(m³/t)	5.00	3.00	2.50	1.00	1.05
		昭通	面积/km²	6256.00				
			厚度/m	120.00	90.00	60.00	50.00	40.00
			密度/(g/cm³)	2.7	2.65	2.6	2.55	2.5
			总含气量/(m³/t)	3.3	2	1.9	1	1.1
渝东南	下志留统龙马溪组	—	面积/km²	13300.0	10500.0	6000.0	3000.0	1800.0
			厚度/m	48.0	39.0	30.0	19.0	12.0
			密度/(g/cm³)	2.8	2.7	2.6	2.4	2.3
			总含气量/(m³/t)	3.5	3.0	2.2	1.1	0.7
	下寒武统牛蹄塘组	—	面积/km²	19500.0	15000.0	11000.0	7400.0	3500.0
			厚度/m	45.0	36.0	27.0	17.0	11.0
			密度/(g/cm³)	2.9	2.7	2.6	2.5	2.4
			总含气量/(m³/t)	2.7	2.3	1.7	1.1	0.6
渝东北	下志留统龙马溪组	—	面积/km²	8000	4200	2800	1600	950
			厚度/m	42	34	26	19	13
			总含气量/(m³/t)	2.28	2.22	2.184	2.136	2.064
			密度/(g/cm³)	2.49	2.47	2.45	2.42	2.4
	下寒武统水井沱组	—	面积/km²	8800	5100	2900	1200	800
			厚度/m	46	38	30	23	15
			总含量/(m³/t)	2.86	2.42	1.92	1.44	1.04
			密度/(g/cm³)	2.95	2.69	2.52	2.34	2.08

7.2 评 价 结 果

7.2.1 单元分布

通过对上扬子地区的 5 个评价单元、3 个含气页岩层系的系统评价，得到上扬子地区页岩气地质资源潜力为 $31\times10^{12}m^3$，可采资源量 $3.84\times10^{12}m^3$（期望值 P50）。其中，黔北地区页岩气地质资源量 $6.41\times10^{12}m^3$，占全区总量的 20.67%；可采资源量 $0.77\times10^{12}m^3$，占全区总量的 20.05%。川东南及渝西鄂东地区 $6.37\times10^{12}m^3$，占全区总量的 20.54%；可采资源量 $0.76\times10^{12}m^3$，占全区总量的 19.79%。川南地区 $15.27\times10^{12}m^3$，占全区总量的 49.24%；可采资源量 $1.99\times10^{12}m^3$，占全区总量的 51.83%。渝东南地区 $2.16\times10^{12}m^3$，占全区总量的 6.97%；可采资源量 $0.26\times10^{12}m^3$，占全区总量的 6.77%。渝东北地区 $0.8\times10^{12}m^3$，占全区总量的 2.58%；可采资源量 $0.06\times10^{12}m^3$，占全区总量的 1.56%（表 7.9、图 7.5～图 7.7）。

表 7.9 页岩气资源评价结果表

地区	地质资源量/$10^{12}m^3$						可采资源量/$10^{12}m^3$					
	P5	P25	P50	P75	P95	期望值	P5	P25	P50	P75	P95	期望值
黔北	11.54	7.98	6.41	4.91	2.86	6.41	1.39	0.96	0.77	0.59	0.34	0.77
川东南及渝西鄂东	13.66	9.06	6.37	4.27	2.07	6.37	1.64	1.09	0.76	0.51	0.25	0.76
川南	25.79	18.86	15.27	11.76	7.15	15.27	3.35	2.45	1.99	1.53	0.93	1.99
渝东南	4.49	2.99	2.16	1.48	0.73	2.16	0.54	0.36	0.26	0.18	0.09	0.26
渝东北	1.61	1.15	0.8	0.42	0.1	0.8	0.13	0.09	0.06	0.03	0.01	0.06
合计	57.1	40.04	31	22.83	12.92	31	7.05	4.95	3.84	2.84	1.62	3.84

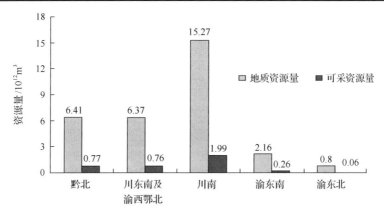

图 7.5 页岩气资源评价结果

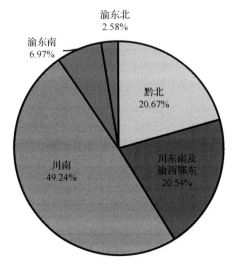

图 7.6　页岩气地质资源量分布

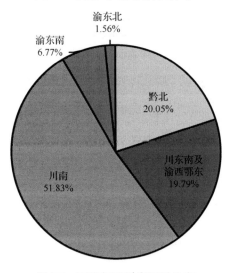

图 7.7　页岩气可采资源量分布

7.2.2　层系分布

　　页岩气资源主要分布在牛蹄塘组、龙马溪组。其中，下寒武统变马冲组地质资源量 $0.71×10^{12}m^3$，占全区总量的 2.3%，可采资源量 $0.09×10^{12}m^3$，占全区总量的 2.3%；牛蹄塘组地质资源量 $15.48×10^{12}m^3$，占全区总量的 49.98%，可采资源量 $1.83×10^{12}m^3$，占全区总量的 47.7%；下志留统龙马溪组地质资源量 $14.81×10^{12}m^3$，占全区总量的 47.73%，可采资源量 $1.92×10^{12}m^3$，占全区总量的 50%（表 7.10、图 7.8～图 7.10）。

表 7.10 页岩气资源量层系分布表

层系	地质资源量/$10^{12}m^3$						可采资源量/$10^{12}m^3$					
	P5	P25	P50	P75	P95	期望值	P5	P25	P50	P75	P95	期望值
下志留统龙马溪组	27.48	19.48	14.8	10.8	6.14	14.81	3.52	2.47	1.92	1.42	0.81	1.92
下寒武统牛蹄塘组	28.37	19.67	15.5	11.49	6.45	15.48	3.37	2.36	1.83	1.36	0.77	1.83
下寒武统变马冲组	1.24	0.89	0.71	0.54	0.32	0.71	0.16	0.11	0.09	0.07	0.04	0.09
合计	57.1	40.04	31	22.83	12.9	31	7.05	4.95	3.84	2.84	1.62	3.84

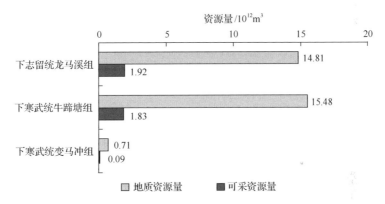

图 7.8 页岩气资源量层系分布

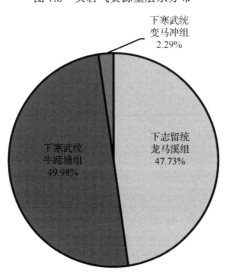

图 7.9 页岩气地质资源量层系分布

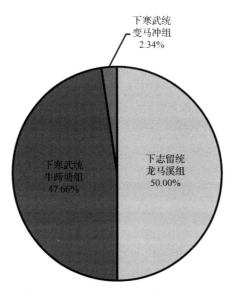

图 7.10　页岩气可采资源量层系分布

7.2.3　深度分布

　　埋深在 500～1500m 的页岩气地质资源量 $4.08×10^{12}m^3$，占全区总量的 13.16%，可采资源量为 $0.54×10^{12}m^3$，占全区总量的 14.03%；埋深在 1500～3000m 的页岩气地质资源量 $12.34×10^{12}m^3$，占全区总量的 39.79%，可采资源量为 $1.81×10^{12}m^3$，占全区总量的 47.01%；埋深在 3000～4500m 的页岩气地质资源量为 $14.59×10^{12}m^3$，占全区总量的 47.05%，可采资源量为 $1.50×10^{12}m^3$，占全区总量的 38.96%（表 7.11、图 7.11～图 7.13）。

表 7.11　页岩气资源量深度分布表

埋深	地质资源量/$10^{12}m^3$						可采资源量/$10^{12}m^3$					
	P5	P25	P50	P75	P95	期望值	P5	P25	P50	P75	P95	期望值
500～1500m	8.16	5.41	4.08	2.73	1.33	4.08	0.99	0.69	0.54	0.40	0.23	0.54
1500～3000m	23.00	16.03	12.34	8.97	4.98	12.34	3.31	2.33	1.81	1.33	0.76	1.81
3000～4500m	25.93	18.6	14.59	11.13	6.61	14.59	2.75	1.93	1.50	1.11	0.63	1.50
合计	57.1	40.04	31.01	22.83	12.91	31.01	7.05	4.95	3.84	2.84	1.62	3.84

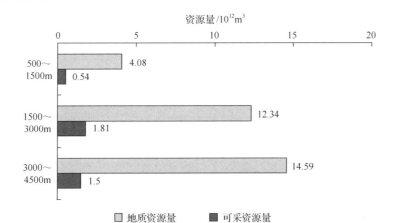

图 7.11 页岩气资源量深度分布

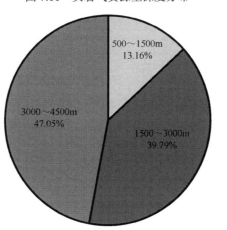

图 7.12 页岩气地质资源量深度分布

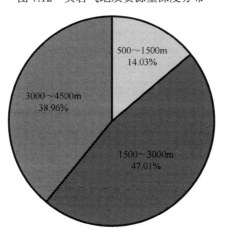

图 7.13 页岩气可采资源量深度分布

7.2.4　地表条件分布

页岩气资源主要分布在丘陵、低山、中山、高山及高原地区。其中，丘陵地区地质资源量 $10.61 \times 10^{12} m^3$，占总量的 34.24%，可采资源量为 $1.31 \times 10^{12} m^3$，占总量的 34.12%；低山地区地质资源量 $7.48 \times 10^{12} m^3$，占总量的 24.14%，可采资源量为 $0.93 \times 10^{12} m^3$，占总量的 24.23%；中山地区地质资源量 $5.15 \times 10^{12} m^3$，占总量的 16.62%，可采资源量为 $0.64 \times 10^{12} m^3$，占总量的 16.67%；高山地区地质资源量 $3.18 \times 10^{12} m^3$，占总量的 10.26%，可采资源量为 $0.39 \times 10^{12} m^3$，占总量的 10.26%；高原地区地质资源量 $3.05 \times 10^{12} m^3$，占总量的 9.84%，可采资源量为 $0.38 \times 10^{12} m^3$，占总量的 9.90%，其次为喀斯特、平原和湖沼（表 7.12、图 7.14～图 7.16）。

表 7.12　页岩气资源量地表条件分布表

地表条件	地质资源量/$10^{12} m^3$						可采资源量/$10^{12} m^3$					
	P5	P25	P50	P75	P95	期望值	P5	P25	P50	P75	P95	期望值
平原	0.26	0.19	0.15	0.12	0.07	0.15	0.0347	0.024	0.0189	0.014	0.008	0.0189
丘陵	19.33	13.52	10.61	8	4.72	10.61	2.41	1.69	1.31	0.97	0.55	1.31
低山	13.73	9.62	7.48	5.51	3.05	7.48	1.7	1.19	0.93	0.69	0.39	0.93
中山	10.29	7	5.15	3.62	1.91	5.15	1.17	0.82	0.64	0.47	0.27	0.64
高山	6.01	4.24	3.18	2.17	1.1	3.18	0.72	0.51	0.39	0.29	0.17	0.39
高原	5.16	3.77	3.05	2.35	1.43	3.05	0.69	0.49	0.38	0.28	0.16	0.38
湖沼	0.26	0.19	0.15	0.12	0.07	0.15	0.03	0.02	0.02	0.01	0.01	0.02
喀斯特	2.06	1.51	1.22	0.94	0.57	1.22	0.28	0.19	0.15	0.11	0.06	0.15
合计	57.1	40.04	31	22.83	12.92	31	7.05	4.95	3.84	2.84	1.62	3.84

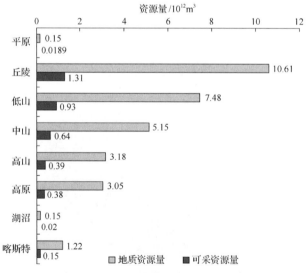

图 7.14　页岩气资源量地表条件分布

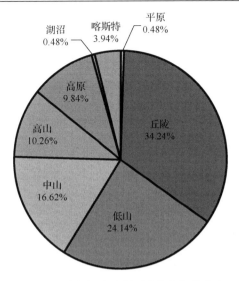

图 7.15 页岩气地质资源量地表条件分布

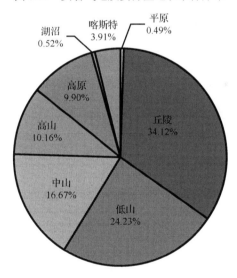

图 7.16 页岩气可采资源量地表条件分布

7.2.5 省际分布

页岩气资源主要分布在贵州、湖北、湖南、四川、云南和重庆等多地区，其中，四川地质资源量 $9.39 \times 10^{12} m^3$，占总量的 30.30%；重庆地质资源量 $6.52 \times 10^{12} m^3$，占总量的 21.03%，贵州地质资源量 $8.52 \times 10^{12} m^3$，占总量的 27.48%；湖北地质资源量 $3.38 \times 10^{12} m^3$，占总量的 10.90%；湖南地质资源量 $0.55 \times 10^{12} m^3$，占总量的 1.77%；云南地质资源量 $2.64 \times 10^{12} m^3$，占总量的 8.52%（表 7.13、图 7.17～图 7.19）。

表 7.13　页岩气资源量省际分布表

省际	地质资源量/$10^{12}m^3$						可采资源量/$10^{12}m^3$					
	P5	P25	P50	P75	P95	期望值	P5	P25	P50	P75	P95	期望值
贵州	15.59	10.67	8.52	6.50	3.82	8.52	1.90	1.34	1.04	0.77	0.44	1.04
湖北	6.91	4.73	3.38	2.40	1.29	3.38	0.77	0.54	0.42	0.31	0.18	0.42
湖南	1.14	0.76	0.55	0.38	0.19	0.55	0.14	0.10	0.08	0.06	0.03	0.08
四川	16.07	11.64	9.39	7.01	4.10	9.39	2.11	1.48	1.15	0.85	0.49	1.15
云南	4.37	3.24	2.64	2.22	1.51	2.64	0.63	0.45	0.35	0.26	0.15	0.35
重庆	13.01	8.99	6.52	4.32	2.00	6.52	1.48	1.04	0.81	0.60	0.34	0.81
合计	57.10	40.04	31.00	22.83	12.92	31.00	7.05	4.95	3.84	2.84	1.62	3.84

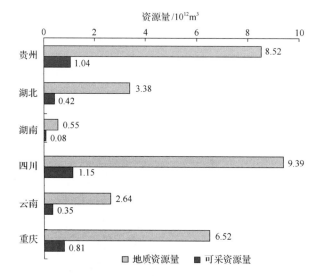

图 7.17　页岩气资源量省际分布

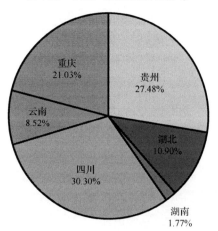

图 7.18　页岩气地质资源量省际分布

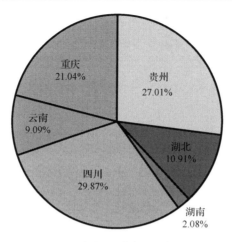

图 7.19　页岩气可采资源量省际分布

7.3　合理性分析

7.3.1　方法和参数的合理性分析

　　资源评价结果是一定阶段内的地质认识程度和技术水平的反映。作为上扬子地区首次页岩气资源潜力评价，具有探索性。方法和关键参数的选择，均基于大量的野外地质调查、地质工程、测试分析和综合研究工作，并借鉴了美国的经验，经多次研讨、试算及结果对比，慎重确定。因此，方法和参数选择合理。

　　在方法选择上，主要考虑以下几点：①页岩气是自生自储、原地成藏的非常规资源，没有明确边界；②控制页岩气富集的多种因素互相补偿；③我国页岩气地质、地表条件复杂，类型多样。

　　我国页岩气资源评价处于探索阶段，资料少，不确定因素多。经对类比法、统计法、成因法等的综合分析，在目前条件下，决定采用条件概率体积法，其他方法作为辅助。

　　评价工作中涉及的各项地质参数，通过野外调查、钻井、实验测试、地球物理和地球化学等资料获得，参数分布合理，总体上能够反映评价单元页岩气资源条件。

7.3.2　资源量评价结果合理性分析

　　页岩气资源潜力评价工作，有效地开展了实质性的调查评价工作，评价范围覆盖了不同地区、不同层系、不同类型的页岩地层，依据充分，评价结果客观。

　　页岩气地质资源潜力评价结果期望值为 $31 \times 10^{12} \mathrm{m}^3$，75%概率下的资源量为 $22.83 \times 10^{12} \mathrm{m}^3$，25%概率下的资源量为 $40.04 \times 10^{12} \mathrm{m}^3$。95%概率下与5%概率下资源量评价值相差 4.4 倍，评价结果分布范围合理，区间跨度适中。可采系数按各评价单元特点分别赋值，页岩气可采资源量评价结果为 $3.84 \times 10^{12} \mathrm{m}^3$，可采资源潜力评价结果符合预期。

　　随着重庆涪陵焦石坝页岩气田和四川威远长宁页岩气田的成功开发，基于现今的数据结果来看，资源计算对上扬子地区下古生界页岩气做了全面和系统的评价，可信度较高，因此，对页岩气进一步研究和勘探有重要的指引意义。

参 考 文 献

陈波, 皮定成. 2009. 中上扬子地区志留系龙马溪组页岩气资源潜力评价. 中国石油勘探, 14(3): 15-19.

陈洪德, 倪新锋, 刘文均, 等. 2008. 中国南方盆地覆盖类型及油气成藏. 石油学报, 29(3): 317-323.

陈兰. 2005. 湘黔地区早寒武世黑色岩系沉积学及地球化学研究. 北京: 中国科学院. 23-29.

陈尚斌, 夏筱红, 秦勇, 等. 2013. 川南富集区龙马溪组页岩气储层孔隙结构分类. 煤炭学报, 38(5): 760-765.

陈佑德, 杨惠民. 1999. 贵州赤水宝元-元厚地区油气遥感信息分析. 地质地球化学, (1): 56-62.

陈章明, 张树林, 万龙贵. 1988. 古龙凹陷北部青山口组泥岩构造裂缝的形成及其油藏分布的预测. 石油学报, 9(4): 7-15.

程鹏, 肖贤明. 2013. 很高成熟度富有机质页岩的含气性问题. 煤炭学报, 38(5): 737-741.

戴金星. 1992. 中国天然气地质学. 北京, 石油工业出版社: 27-29.

丁文龙, 许长春, 久凯, 等. 2011. 泥页岩裂缝研究进展. 地球科学进展, 26(2): 135-144.

董大忠, 程克明, 王世谦, 等. 2009. 页岩气资源评价方法及其在四川盆地的应用. 天然气工业, 29(5): 33-39.

郭彤楼, 张汉荣. 2014. 四川盆地焦石坝页岩气田形成与富集高产模式. 石油勘探与开发, 41(1): 28-36.

郭旭升. 2014. 南方海相页岩气 "二元富集" 规律-四川盆地及周缘龙马溪组页岩气勘探实践认识. 地质学报, 88(7):
    1209-1218.

韩双彪, 张金川, 杨超, 等. 2013a. 渝东南下寒武页岩纳米级孔隙特征及其储气性能. 煤炭学报, 38(6): 1038-1043.

韩双彪, 张金川, Horsfield B, 等. 2013b. 页岩气储层孔隙类型及特征研究: 以渝东南下古生界为例. 地学前缘,
    20(3): 247-253.

郝石生, 高岗, 王飞宇, 等. 1996. 高过成熟海相烃源岩. 北京: 石油工业出版社: 126-127.

黄第藩, 李晋超, 张大江. 1984. 干酪根的类型及其分类参数的有效性、局限性和相关性. 沉积学报, 2(3): 18-33.

金之钧. 2005. 中国海相碳酸盐岩层系油气勘探特殊性问题. 地学前缘, 12(3): 15-21.

李波文, 张金川, 党伟, 等. 2017. 海相页岩与海陆过渡相页岩吸附气量主控因素及其差异性. 科学技术与工程,
    17(11): 44-51.

李双建, 肖开华, 沃玉进, 等. 2009. 中上扬子地区上奥陶统—下志留统烃源岩发育的古环境恢复. 岩石矿物学杂
    志, 28(5): 450-458.

李新景, 胡素云, 程克明. 2007. 北美裂缝性页岩气勘探开发的启示. 石油勘探与开发, 34(4): 392-400.

李新景, 吕宗刚, 董大忠, 等. 2009. 北美页岩气资源形成的地质条件. 天然气工业, 29(5): 27-32.

李延钧, 冯媛媛, 刘欢, 等. 2013. 四川盆地湖相页岩气地质特征与资源潜力. 石油勘探与开发, 40(4): 423-428.

李玉喜, 乔德武, 姜文利, 等. 2011. 页岩气含气量和页岩气地质评价综述. 地质通报, 30(2-3): 308-317.

梁狄刚, 张水昌, 张宝民. 2000. 从塔里木盆地看中国海相生油问题. 地学前缘, 7(4): 534-547.

梁狄刚, 郭彤楼, 陈建平, 等. 2008. 中国南方海相生烃成藏研究的若干进展(一): 南方四套区域性海相烃源岩的
    分布. 海相油气地质, 13(3): 1-16.

梁狄刚, 郭彤楼, 陈建平, 等. 2009a. 中国南方海相生烃成藏研究的若干新进展(二): 南方四套区域性海相烃源岩
    的地球化学特征. 海相油气地质, 14(1): 1-15.

梁狄刚, 郭彤楼, 陈建平, 等. 2009b. 中国南方海相生烃成藏研究的若干新进展(三): 南方四套区域性海相烃源岩
    的沉积相及发育的控制因素. 海相油气地质, 14(2): 1-19.

梁兴, 叶舟, 马力, 等. 2004. 中国南方海相含油气保存单元的层次划分与综合评价. 海相油气地质, 9(1-2): 59-76.

林腊梅, 张金川, 唐玄, 等. 2013. 中国陆相页岩气的形成条件. 天然气工业, 33(1): 35-40.

刘建中, 张传绪, 赵艳波, 等. 2008. 水平井压裂裂缝监测与分析. 中国工程科学, (4): 60-64.

刘劲松, 马昌前, 王世明, 等. 2009. 麻江古油藏原生水晶中固体沥青包裹体的发现及地质意义. 地质科技情报, 28(6): 39-44, 50.

刘丽芳, 徐波, 张金川, 等. 2005. 中国海相页岩及其成藏意义. 见中国科协 2005 学术年会论文集, 以科学发展观促进科技创新(上). 北京: 科学技术出版社: 457-463.

刘若冰, 田景春, 魏志宏, 等. 2006. 川东南地区震旦系—志留系下组合有效烃源岩综合研究. 天然气地球科学, 17(6): 824-828.

刘树根, 马文辛, Luba J, 等. 2011. 四川盆地东部地区下志留统龙马溪组页岩储层特征. 岩石学报, 27(8): 2239-2252.

刘树根, 汪华, 孙玮, 等. 2008. 四川盆地海相领域油气地质条件专属性问题分析. 石油与天然气地质, 29(6): 781-792, 818.

刘树根, 徐国盛, 徐国强, 等. 2004. 四川盆地天然气成藏动力学初探. 天然气地球科学, 15(4): 323-330.

刘子骅, 张金川, 刘飏, 等. 2016. 湘鄂西地区五峰-龙马溪组泥页岩黄铁矿粒径特征. 科学技术与工程, 16(26): 34-41.

龙鹏宇, 张金川, 李玉喜, 等. 2009. 重庆及周缘地区下古生界页岩气资源潜力. 天然气工业, 28(12): 125-129.

龙鹏宇, 张金川, 唐玄, 等. 2011. 泥页岩裂缝发育特征及其对页岩气勘探和开发的影响. 天然气地球科学, 22(3): 525-532.

龙鹏宇, 张金川, 李玉喜, 等. 2012. 重庆及其周缘地区下古生界页岩气成藏条件及有利区预测. 地学前缘, 19(2): 221-233.

卢双舫, 黄文彪, 陈方文, 等. 2012. 页岩油气资源分级评价标准探讨. 石油勘探与开发, 39(2): 249-256.

陆正元, 孙冬华, 黎华继, 等. 2015. 气藏凝析水引起的地层水矿化度淡化问题——以四川盆地新场气田须二段气藏为例. 天然气工业, 35(7): 60-65.

罗鹏, 吉利明. 2013. 陆相页岩气储层特征与潜力评价. 天然气地球科学, 24(5): 1060-1068.

马力, 陈焕疆, 甘克文, 等. 2004. 中国南方大地构造和海相油气地质(上册). 北京: 地质出版社: 1-200.

马永生, 郭旭升, 郭彤楼. 2005. 四川盆地普光大型气田的发现与勘探启示. 地质评论, 51(4): 477-480.

聂海宽, 徐波, 李雪超. 2007. 流体排驱压力差异性实验研究. 石油实验地质, 29(5): 531-534.

聂海宽, 唐玄, 边瑞康. 2009. 页岩气成藏控制因素及我国南方页岩气发育有利区预测. 石油学报, 30(4): 484-491.

聂海宽, 边瑞康, 张培先, 等. 2014. 川东南地区下古生界页岩储层微观类型与特征及其对含气量的影响. 地学前缘, 21(4): 331-343.

蒲泊伶, 包书景, 王毅, 等. 2008. 页岩气成藏条件分析——以美国页岩气盆地为例. 石油地质与工程, 22(3): 33-36.

施继锡. 1991. 黔东汞矿有机成矿作用的有机包裹体研究. 矿物学报, (4): 341-345, 442.

四川油气区石油地质志编写组. 1989. 中国石油地质志——四川油气区. 北京: 石油工业出版社: 1-110.

腾格尔, 高长林, 胡凯, 等. 2006. 上扬子东南缘下组合优质烃源岩发育及生烃潜力. 石油实验地质, 28(4): 360-365.

腾格尔, 高长林, 胡凯, 等. 2007. 上扬子北缘下组合优质烃源岩分布及生烃潜力评价. 天然气地球科学, 18(2): 254-259.

涂建琪, 金奎励. 1999. 表征海相烃源岩有机质成熟度的若干重要指标的对比与研究. 地球科学进展, 14(1): 18-23.

汪泽成, 赵文智, 彭红雨. 2002. 四川盆地复合含油气系统特征. 石油勘探与开发, 29(2): 26-28.

王飞宇, 关晶, 冯伟平, 等. 2013. 过成熟海相页岩孔隙度演化特征和游离气气量. 石油勘探与开发, 2013, 40(6): 764-768.

王华云. 1993. 贵州铅锌矿的地球化学特征. 贵州地质, (4): 272-290.

王瑞, 张宁生, 刘晓娟, 等. 2013. 页岩气吸附与解吸附机理研究进展. 科学技术与工程, 13(19): 5561-5567.

王社教, 王兰生, 黄金亮, 等. 2009. 上扬子区志留系页岩气成藏条件. 天然气工业, 29(5): 45-50.

王宣龙, 李厚裕, 冯红霞. 1996. 利用声波和自然伽马能谱分析泥岩裂缝储层. 测井技术, 20(6): 432-435.

魏国齐, 刘德来, 张林. 2005. 四川盆地天然气分布规律与有利勘探领域. 天然气地球科学, 16(4): 437-442.

文玲, 胡书毅, 田海芹. 2001. 扬子地区寒武系烃源岩研究. 西北地质, 34(2): 67-74.

沃玉进, 肖开华, 周雁, 等. 2006. 中国南方海相层系油气成藏组合类型与勘探前景. 石油与天然气地质, 27(1): 11-16.

吴蓝宇, 胡东风, 陆永潮, 等. 2016. 四川盆地涪陵气田五峰组—龙马溪组页岩优势岩相石油勘探与开发, 43(2): 189-197.

武景淑, 韩双彪, 张金川, 等. 2013. 渝东南下寒武页岩纳米级孔隙特征及其储气性能. 煤炭学报, 38(6): 1038-1043.

向才富, 汤良杰, 李儒峰, 等. 2008. 叠合盆地幕式流体活动: 麻江古油藏露头与流体包裹体证据. 中国科学(D辑), (S1): 70-77.

肖贤明, 宋之光, 朱炎铭, 等. 2013. 北美页岩气研究及对我国下古生界页岩气开发的启示. 煤炭学报, 38(5): 721-727.

徐国盛, 袁海锋, 马永生, 等. 2007. 川中—川东南地区震旦系—下古生界沥青来源及成烃演化. 地质学报, 81(8): 1143-1152.

徐永昌. 1994. 中国含油气盆地天然气中氦同位素分布. 科学通报, (16): 1505.

严继民, 张启元. 1979. 吸附与聚集. 北京: 科学出版社: 50-60.

杨俊杰. 2002. 鄂尔多斯盆地构造演化与油气分布规律. 北京: 石油工业出版社.

杨振恒, 李志明, 沈宝剑, 等. 2009. 页岩气成藏条件及我国黔南坳陷页岩气勘探前景浅. 中国石油勘探, 14(3): 24-28.

叶霖, 潘自平, 李朝阳, 等. 2005. 贵州都匀牛角塘富镉锌矿同位素地球化学研究. 矿物岩石, (2): 70-74.

于炳松. 2012. 页岩气储层的特殊性及其评价思路和内容. 地学前缘, 19(3): 252-258.

于炳松. 2013. 页岩气储层孔隙分类与表征. 地学前缘, 20(4): 211-220.

张大伟, 李玉喜, 张金川, 等. 2012. 全国页岩气资源潜力调查评价. 北京: 地质出版社.

张国伟, 董云鹏, 姚安平. 2001. 造山带与造山作用及其研究的新起点. 西北地质, (1): 1-9.

张寒, 朱炎铭, 夏筱红, 等. 2013. 页岩中有机质与黏土矿物对甲烷吸附能力的探讨. 煤炭学报, 38(5): 812-816.

张金川, 薛会, 张德明, 等. 2003. 页岩气及其成藏机理. 现代地质, 17(4): 466.

张金川, 金之钧, 袁明生. 2004. 页岩气成藏机理和分布. 天然气工业, 24(7): 15-18.

张金川, 薛会, 卞昌蓉, 等. 2006. 中国非常规天然气勘探雏议. 天然气工业, 26(12): 53-56.

张金川, 聂海宽, 徐波, 等. 2008. 四川盆地页岩气成藏地质条件. 天然气工业, 28(2): 151-156.

张金川, 姜生玲, 唐玄, 等. 2009. 我国页岩气富集类型及资源特点. 天然气工业, 28(12): 109-114.

张金川, 唐颖, 唐玄, 等. 2011. 吸附气含量测量仪及其实验方法. 中国专利, ZL201010137275.1.

张金川, 林腊梅, 李玉喜, 等. 2012. 页岩气资源评价方法与技术: 概率体积法. 地学前缘, 19(2): 184-191.

张琴, 刘洪林, 拜文华, 等. 2013. 渝东南地区龙马溪组页岩含气量及其主控因素分析. 天然气工业, 33(5): 1-5.

赵建华, 金之钧, 金振奎, 等. 2016. 四川盆地五峰组—龙马溪组含气页岩中石英成因研究. 天然气地球科学, 27(2): 377-386.

赵宗举, 俞广, 朱琰, 等. 2003. 中国南方大地构造演化及其对油气的控制. 成都理工大学学报(自然科学版), 30(2): 155-168.

钟玲文, 张慧, 员争荣, 等. 2002. 煤的比表面积孔体积及其对煤吸附能力的影响. 煤田地质与勘探, 30(3): 26-28.

周尚文, 王红岩, 薛华庆, 等. 2016. 页岩过剩吸附量与绝对吸附量的差异及页岩气储量计算新方法. 天然气工业, 36(11).

周尚文, 薛华庆, 郭伟. 2017. 基于扫描电镜和X射线能谱的页岩矿物分析方法. 中国石油勘探, 22(6): 27-33.

朱岳年. 1999. 天然气中分子氮成因及判识. 石油大学学报, (2): 22-26.

邹才能, 陶士振, 朱如凯, 等. 2009. "连续型"气藏及其大气区形成机制与分布——以四川盆地上三叠统须家河组煤系大气区为例. 石油勘探与开发, 36(3): 307-319.

Alstadt K N, Katti D R, Katti K S. 2012. An in situ FTIR step-scan photoacoustic investigation of kerogen and minerals in oil shale. Spectrochim Acta A Mol Biomol Spectrosc, 89(89): 105-113.

Barnard A S, Russo S P. 2009. Morphological stability of pyrite FeS_2 nanocrystals in water. Journal of Physical Chemistry C, 113(14): 5376-5380.

Brantley S L, Wilkin R T, Barnes H L. 1996. The size distribution of framboidal pyrite in modern sediments: an indicator of redox conditions. Geochimica Et Cosmochimica Acta, 60(20): 3897-3912.

Berner R A. 1967. Thermodynamic stability of sedimentary iron sulfides. American Journal of Science, 265(9): 773-785.

Bertard C, Bruyet B, Gunther J. 1970. Determination of desorbable gas concentration of coal (direct method). International Journal of Rock Mechanics and Mining Science, 7(1): 51-65.

Bowker K A. 2003. Recent development of the barnett shale play, fort worth basin. West Texas Geological Society Bulletin, 42(6): 4-11.

Bowker K A. 2007. Barnett shale gas production, fort worth basin: issues and discussion. AAPG Bulletin, 91(4): 523-533.

Calo J M, Hall P J, Houtmann S, et al. 2002. "Real time" determination of porosity development in carbons: a combined SAXS/TGA approach. Studies in Surface Science & Catalysis, 144(2): 59-66.

Chalmers G R L, Bustin R M. 2007. On the effects of petrographic composition on coalbed methane sorption. International Journal of Coal Geology, 69(4): 288-304.

Chen J, Xiao X. 2014. Evolution of nanoporosity in organic-rich shales during thermal maturation, Fuel, 129: 173-181.

Chen Q, Zhang J, Tang X, et al. 2016. Relationship between pore type and pore size of marine shale: An example from the Sinian-Cambrian formation, upper Yangtze region, South China, International Journal of Coal Geology, 158: 13-28.

Curtis J B. 2002. Fractured shale-gas systems. AAPG Bulletin, 86(11): 1921-1938.

Curtis M E, Ambrose R J, Sondergeld C H, et al. 2011. Investigation of the relationship between kerogen porosity and thermal maturity in the Marcellus Shale. SPE-144370, SPE Unconventional Gas Conference and Exhibition. June 12-16, The Woodlands, Texas.

Curtis M E, Cardott B J, Sondergeld C H, et al. 2012. Development of organic porosity in the Woodford shale with increasing thermal maturity. International Journal of Coal Geology, 103(23): 26-31.

Cutter C A, Velinsky D J. 1988. Temporal variations of sedimentary sulfur in a delaware salt marsh. Marine Chemistry, 23(3-4): 311-327.

Daniel J K Ross, R Marc Bustin. 2007. Shale gas potential of the lower jurassic gordondale member, northeastern british columbia, Canada. Bulletin of Canadian Petroleum Geology, 55(1): 51-75.

Daniel M Jarvie, Ronald J Hill, Tim E Ruble, et al. 2007. Pollastro. Unconventional shale-gas systems: The mississippian barnett shale of north-central texas as one model for thermogenic shale-gas assessment. AAPG Bulletin, 91: 475-499.

Dekkers M J, Schoonen M A A. 1994. An electrokinetic study of synthetic greigite and pyrrhotite. Geochimica Et Cosmochimica Acta, 58(19): 4147-4153.

Emmanuel S, Eliyahu M, Day-Stirrat R J, et al. 2016. Impact of thermal maturation on nano-scale elastic properties of organic matter in shales. Marine & Petroleum Geology, 70: 175-184.

Gareth R L Chalmers, R Marc Bustin. 2008. Lower cretaceous gas shales in northeastern british Columbia, Part II: evaluation of regional potential gas resources. Bulletin of Canadian Petroleum Geology, 56(1): 22-61.

Gasparik M, Bertier P, Gensterblum Y, et al. 2014. Geological controls on the methane storage capacity in organic-rich shales. International Journal of Coal Geology, 123(2): 34-51.

Giblin A E, Howarth R W. 1984. Porewater evidence for a dynamic sedimentary iron cycle in salt marshes. Limnology & Oceanography, 29(1): 47-63.

Horiuchi S, Wada H, Moori T. 1974. Morphology and imperfection of hydrothermally synthesized greigite ($Fe_3 S_4$). Journal of Crystal Growth, s 24-25: 624-626.

Howarth R W. 1978. A Rapid and precise method for determining sulfate in seawater, estuarine waters, and sediment pore waters. Limnology & Oceanography, 23(5): 1066-1069.

Iii G W L, Giblin A, Howarth R W, et al. 1982. Pyrite and oxidized iron mineral phases formed from pyrite oxidation in salt marsh and estuarine sediments. Geochimica Et Cosmochimica Acta, 46(12): 2665-2669.

Jenden P D, Kaplan I R, Poreda R J, et al. 1988. Origin of nitrogen-rich natural gases in the California Great Valley: Evidence from helium, carbon and nitrogen isotope ratios. Geochimica et Cosmochimica Acta, 52: 815-861.

Klaver J, Desbois G, Littke R, et al. 2015. BIB-SEM characterization of pore space morphology and distribution in postmature to overmature samples from the Haynesville and Bossier Shales. Marine and Petroleum Geology, 59: 451-466.

Klaver J, Desbois G, Urai J L, et al. 2012. BIB-SEM study of the pore space morphology in early mature Posidonia Shale from the Hils area, Germany. International Journal of Coal Geology, 103(23): 12-25.

Krajewski. 2013. Organic matter-apatite-pyrite relationships in the Botneheia Formation (Middle Triassic) of eastern Svalbard: Relevance to the formation of petroleum source rocks in the NW Barents Sea shelf. Marine & Petroleum Geology, 45(4): 69-105.

Kuila U, Prasad M. 2013. Specific surface area and pore–size distribution in clays and shales. Geophysical Prospecting, 61(2): 341-362.

Law B E, Curtis J B. 2002. Introduction to unconventional petroleum systems. AAPG Bulletin, 86(11): 1851-1852.

Loucks R G, Reed R M, Ruppel S C, et al. 2009. Morphology, genesis and distribution of nanometer-scale pores in siliceous mudstones of the Mississippian Barnett Shale. Journal of Sedimentary Research, 79(12): 848-861.

Loucks R G, Reed R M, Ruppel S C, et al. 2012. Spectrum of pore types and networks in mudrocks and a descriptive classification for matrix-related mudrock pores. AAPG Bulletin, 96(6): 1071-1098.

Lu J, Ruppel S C, Rowe H D. 2015. Organic matter pores and oil generation in the Tuscaloosa marine shale, AAPG Bulletin, 99(2): 333-357.

Milliken K L, Ko L T, Pommer M, et al. 2014. Sem petrography of eastern mediterranean sapropels: analogue data for assessing organic matter in oil and gas shales. Journal of Sedimentary Research, 84(11): 961-974.

Milliken K L, Rudnicki M, Awwiller D N, et al. 2013. Organic matter-hosted pore system, Marcellus Formation (Devonian), Pennsylvania, AAPG Bulletin, 97(2): 177-200.

Montgomery S L, Jarvie D M, Bowker K A, et al. 2005. Mississippian barnett shale, fort worth basin, north-central texas: gas-shale play with multi-trillion cubic foot potential. AAPG Bulletin, 89(2): 155-175.

Muramoto J A, Honjo S, Fry B, et al. 1991. Sulfur, iron and organic carbon fluxes in the Black Sea: Sulfur isotopic evidence for origin of sulfur fluxes. Deep Sea Research Part A Oceanographic Research Papers, 38(10): S1151-S1187.

Nesbitt H W, Young G M. 1982. Early proterozoic climates and plate motions inferred from major element chemistry of lutites. Nature, 299(5885): 715-717.

Pommer M, Milliken K. 2015. Pore types and pore-size distributions across thermal maturity, Eagle Ford Formation, southern Texas, AAPG Bulletin, 99(9): 1713-1744.

Raiswell. 1982. Pyrite texture, isotopic composition and the availability of iron. American Journal of Science, 282(8): 1244-1263.

Robert G Loucks, Stephen C Ruppel. 2007. Mississippian barnett shale: lithofacies and depositional setting of a deep-water shale-gas succession in the Fort Worth Basin, Texas. AAPG Bulletin, 91(4): 579-601.

Rouquerol J, Avnir D, Fairbridge C W, et al. 1994. Recommendations for the characterization of porous solids, international union of pure and applied chemistry. Pure and Applied Chemistry, 66(8): 1739-1758.

Rullkötter J R, Marzi, Meyers P A. 1992. Biological markers in Paleozoic sedimentary rocks and crude oils from the Michigan basin: reassessment of sources and thermal history of organic matter// Schidlowski M. Early Organic Evolution: Implications for Mineral and Energy Resources. Berlin: Springer-Verlag: 324-335.

Schieber J. 2010. Common Themes in the Formation and Preservation of Intrinsic Porosity in Shales and Mudstones- Illustrated with Examples Across the Phanerozoic.

Shi M, Yu B, Xue Z, et al. 2015. Pore characteristics of organic-rich shales with high thermal maturity: A case study of the Longmaxi gas shale reservoirs from well Yuye-1 in southeastern Chongqing, China. Journal of Natural Gas Science and Engineering, 26: 948-959.

Shiley R H, Cluff R M, Dickerson D R, et al. 1981. Correlation of natural gas content to iron species in the New Albany shale group. Fuel, 60(8): 732-738.

Sing K S W, Everett D H, Haul R A W, et al. 1985. Reporting physisorption data for gas/sold systems with special reference to the determination of surface area and porosity. Pure and Applied Chemisty. 57(4): 603-619.

Slatt R M, O'Brien N R. 2011. Pore types in the Barnett and Woodford gas shales: Contribution to understanding gas storage and migration pathways in fine–grained rocks. AAPG Bulletin, 95(12): 2017-2030.

Tang X, Jiang Z, Huang H, et al. 2016. Lithofacies characteristics and its effect on gas storage of the Silurian Longmaxi marine shale in the southeast Sichuan Basin, China. Journal of Natural Gas Science and Engineering, 28: 338-346.

Wang H S, Rose J W. 2007. Surface tension-affected laminar film condensation problems. Journal of Mechanical Science & Technology, 21(11):1760-1774.

Wang P, Huang Y, Wang C, et al. 2013. Pyrite morphology in the first member of the Late Cretaceous Qingshankou Formation, Songliao Basin, Northeast China. Palaeogeography Palaeoclimatology Palaeoecology, 385(5): 125-136.

Wang P, Jiang Z, Chen L, et al. 2016. Pore structure characterization for the Longmaxi and Niutitang shales in the Upper Yangtze Platform, South China: Evidence from focused ion beam–He ion microscopy, nano-computerized tomography and gas adsorption analysis. Marine and Petroleum Geology, 77: 1323-1337.

Wedepohl K H. 1995. The composition of the continental crust. Mineralogical Magazine, 58(7): 1217-1232.

Ye Y T, Wu C D, Zhai L N, et al. 2017. Pyrite morphology and episodic euxinia of the Ediacaran Doushantuo Formation in South China. Science China, 60(1): 102-113.

Zhou S, Yan G, Xue H, et al. 2016. 2D and 3D nanopore characterization of gas shale in Longmaxi formation based on FIB-SEM. Marine and Petroleum Geology, 73: 174-180.